气候变化与草原生态

——基于中蒙典型草原区野外调查研究

韩文军　侯向阳　著

中国农业科学技术出版社

图书在版编目（CIP）数据

气候变化与草原生态：基于中蒙典型草原区野外调查研究 / 韩文军，侯向阳著．—北京：中国农业科学技术出版社，2017.11

ISBN 978-7-5116-3289-0

Ⅰ．①气…　Ⅱ．①韩…②侯…　Ⅲ．①气候变化-关系-草原生态系统-调查研究-中国、蒙古　Ⅳ．①P467②S812

中国版本图书馆 CIP 数据核字（2017）第 251885 号

责任编辑　李冠桥
责任校对　贾海霞

出 版 者　中国农业科学技术出版社
北京市中关村南大街 12 号　邮编：100081
电　　话　(010)82109705(编辑室)　(010)82109702(发行部)
(010)82109709(读者服务部)
传　　真　(010)82106625
网　　址　http://www.castp.cn
经 销 者　全国各地新华书店
印 刷 者　北京富泰印刷有限责任公司
开　　本　880mm×1 230mm　1/32
印　　张　5.375
字　　数　135 千字
版　　次　2017 年 11 月第 1 版　2017 年 11 月第 1 次印刷
定　　价　35.00 元

国家重点研发计划政府间国际科技创新合作重点专项项目（2016YFE0116400）

国家国际科技合作专项项目（2013DFR30760）

国家重点基础研究发展计划项目（2014CB138806）

内蒙古自治区自然科学基金项目（2015MS0389）

作者简介

韩文军，男，博士，中国农业科学院草原研究所副研究员。从事全球气候变化生态学及植物生态学研究。先后主持国家重点研发计划政府间国际科技创新合作重点专项项目等国家及省部级项目 4 项，参加各类科研项目 10 余项，在国内外学术期刊上发表论文 40 多篇。主要著作有：《盐渍化草地综合治理技术》《草原科学概论》《荒漠区生态治理技术：全球气候温暖化防治对策》等。任国际学术期刊《*Research for Tropical Agriculture*》《*Tropical Agriculture and Development*》编委。

内容简介

本书通过对中国及蒙古国典型草原区的野外调查研究，系统总结了气候变暖对中蒙典型草原的影响，以及中蒙典型草原植物群落、土壤养分、植物形态特征、植物生态化学计量学特征与环境因子的关系，揭示了中国与蒙古国典型草原在全球气候变暖背景下的空间分布规律，预测了大空间尺度上的变化趋势，为中蒙典型草原生态系统应对全球变暖提供科学依据。

主要为草原学、生态学、土壤学、气象学等相关领域的研究人员、教学人员、研究生、大学生参考使用。

序

位于蒙古高原的温带草原地跨中蒙两国，东西绵延4 000多km，南北跨越20个纬度，面积达260万km^2，也是迄今保存最好、面积最大、集中连片、利用历史悠久、居住人口最多的天然草原。蒙古高原草原不仅是中蒙两国共同的重要的生态屏障，也是双方重要的畜牧业生产基地、游牧文化传承的载体，对于两国的生态、经济和社会发展具有极为重要的意义。而欧亚温带草原东缘主体部分位于中国内蒙古中东部，向北延伸到蒙古国北部的克鲁仑河流域及肯特山区南部，是蒙古高原东部的核心区。构成了以经营草产品和畜牧业为主，并发挥草地生态服务功能的草业基地，在欧亚温带草原东部地区及中国北方基础农业中占有不可替代位置，是全球草地生态系统的重要组成部分，在中国北方陆地生态系统物质循环中扮演着重要角色。

目前，草原作为气候顶级植被其面积约35亿hm^2，占全球陆地面积的约25%。如果把人为干扰条件下维持的次生草原及向草原演替中的植被累计，其面积在40亿hm^2以上。另外，再加上放牧用途中的草地、高纬度地区的湿地及高山草甸，草原的面积可达全球陆地总面积的一半以上，作为气候顶级的草原植被主要分布于干旱半干旱地区。另外，极易受干扰及气候变化的地带也有分布，这些地区生活着全球近1/3的人口。因此，草原生态系统保护和可持续利用是应对全球环境问题的重要途径。尤其是在中国内蒙古自治区至蒙古国广泛分布的温带草原上，随市场经济和对畜产品需求的递增，原有的放牧系统已发生变化，草原的退化速率与日俱增。东北亚地区草原的退化与恶化，通过沙尘等影响周边地区生产生活，也正是急需解决的课题。

我国在草原生态和利用中仍然存在诸多科学问题和技术难题，尚未得到充分认识和解决，以致难以有效指导生产实践。横跨中蒙两国的蒙古高原是人类活动和气候变化最为显著的地区之一，中蒙两国在草原保护建设与利用以及应对全球气候变化方面具有共性难点，也有在自然地理位置、国家畜牧业政策、草原利用方式等差别造成的个性问题。在长期的研究中两国虽然形成了一系列重要的，有价值的研究成果，但交流与应用明显不足。当下，各国都将步入草原科学保护和利用的关键时期，亟待寻找科学优化的“生态-生产-生活”模式，以摆脱草原生态持续恶化与牧区经济发展缓慢及牧民增收困难的境地。深入研究中蒙草原问题，将有望从更大时空尺度上认识蒙古高原草原发生与发展以及利用演变的规律与机理，从更为广阔的视角和更深刻的水平上认识蒙古高原草原的科学问题与实践难题，为实现理论集成创新发展与生态保护建设实践的跨越式推进奠定基础。

蒙古高原草原体现了独特的自然生态系统的一体性、连续性和大尺度梯度变化性的特点，因此是大尺度气候变化研究的天然实验室，环境和生物进化研究的天然实验室，优质抗逆生物基因资源挖掘、创新、利用的天然实验室，同时由于其兼具自然生态条件连续性和管理利用方式差异性，也是不同草原管理制度和模式比较研究的天然实验室。因此，科学合理地利用这个天然实验室，开展以退化草原生态系统恢复重建、生物多样性保护、重要草原生物资源挖掘利用、现代草原畜牧业优化模式研究等为主要内容的中蒙草原科技合作研究，不仅对中蒙两国草原科技的发展具有重要促进作用，而且对世界草原科技和产业的发展将做出重大贡献。

中蒙草原畜牧业历史悠久、内涵丰富、模式多样，既相似又有区域差异的科技难题，急需进行系统的研究和攻关。蒙古高原是历史悠久的自然经济型草原畜牧业区域，而且迄今在中国仅内蒙古自治区仍有以放牧、半舍饲或舍饲的家庭畜牧业为生计的牧民，在蒙古国仍以自然经济型的传统畜牧业为主，在 150 万 km^2 草原上分布着 150 多万放牧牧民，季节性轮牧或四季游牧的畜牧业仍是当地牧民重要的经济支撑。在长期的放牧利用过程中，在不同草原区域，形成区域特色明显的草畜耦合模式、名扬海内外的名优家畜良种、丰富的家畜饲养和粗加工利用技术、应对灾害的本土知识和技能等。中蒙草原畜牧业是世界畜牧业格局中具有特殊价值的一类畜牧业。系统研究中蒙草原畜牧业的模式、技术和资源，挖掘优势并进行转型升级，将对区域乃至全球的食物安全做出重要贡献。

蒙古国牧民家庭畜牧业生产及生活技术需求巨大，合作潜力巨大。中蒙两国草原管理方式不同，草原畜牧业的集约程度不同，但面临的气候变化特别是极端气候灾害以及草原退化等问题，是需要共同解决的难题。特别是蒙古牧民的自然经济成分更加突出，有强烈的改善草地生态以及生产和生活的基础设施条件的愿望和需求，这为中蒙草原科技合作提供了一个广阔的空间。立足牧区“生态-生产-生活”共赢，直接面向牧民，发展以民间互利合作为主的合作模式，是体现互利共赢原则并且十分有效而且长效的模式。

中国的科学研究人员对蒙古高原南部内蒙古草地生态系统的研究，主要通过中长期定位观测和控制实验，在草原生态系统结构、功能与动态变化方面取得了若干重要突破。但蒙古高原北部蒙古国东部草原的研究，仍处在生物与环境的本底调查及个体群落研究的初级阶段，缺乏全球气候变化下对温带草原生态系统分布格局及环境梯度上的整体认识。

近年来，中国的生态学家积极参与了以减暖和适应全球气候变化为核心任务的全球变化科学研究，其中包括生态系统对全球变化的响应和适应的陆地样带研究，生态系统碳储量、碳氮循环过程及机制等方面的研究，有力地推动了全球气候变化与陆地生态系统生态学的发展。为此，中国农业科学院草原研究所提出“欧亚温带草原东缘生态样带”研究，该样带是经向跨国界的，中高纬度的国际性草原生态样带，突破中国北方典型草原研究中缺少寒温带梯度的限制。本研究组对位于中国、蒙古国和俄罗斯的典型草原进行了大范围的调查取样，初步阐述了欧亚温带草原东缘生态样带植物群落特征及其变化，分析了气候与放牧对俄罗斯环贝加尔湖地区典型草原生态系统中植物群落结构及空间分布影响，并对该样带周边的荒漠草原地区放牧强度与降水对于植物群落及土壤特性影响进行了研究。本书作为欧亚温带草原东缘生态样带研究的重要组成部分，将以中蒙典型草原带为依托，根据中蒙典型草原带核心区上的野外调查实测数据，分析温度、降水、纬度等环境因子与植被—土壤之间的关系及其变化，为预测未来全球气候变暖背景下中蒙典型草原生态系统的分布格局及演变提供科学依据。

作　者

2017 年 10 月

目　　录

1 草原形成与分布

1.1 草原

一般的草原是占陆地表面积的 50%以上的以禾本科植物为优势草本植物群落。广义的草原包括木本植物以外所有的低矮草本群落。典型草原主要优势植物是禾本科，但草本植物中混生低矮灌木的灌木草原，干旱热带及亚热带常见的萨旺纳，高纬度地区生长着地衣苔藓的冻原等都属于草原。在中国传统意义上的草原含义与美国近似，指平坦、广阔、比较干旱、生长天然饲用植物、可供放牧的土地，包括栽培草地及林间草地在内的广大天然的可供放牧和割草的土地。从生态学角度认为草原是一种地带性的生态系统类型，受气候类型的影响显著。分布于半湿润、半干旱到干旱地区主要由耐旱的多年生草本植物组成的植物群落，是不受地表水与地下水影响而形成的地带性的天然植物群落。虽然从温带分布到热带，但在气候坐标轴上占据固定位置。草原植被分布中心区域包括北美西部，南美西海岸，非洲撒哈拉沙漠以南，亚洲中部及澳大利亚内陆等地。草原面积大于森林面积，占全球陆地面积约 40%（表 1.1）。根据草原的组成和地理分布，主要类型有温带草原与热带草原，前者分布于南北半球的中纬度地带，如欧亚温带草原（Steppe），北美草原（Prairie）和南美草原（Pampas）等。这些地带夏季温和，冬季寒冷，春季和晚夏有明显干旱期。由于低温少雨，草群高度较低，以多数不超过1m的耐寒旱生禾草为主，也称短茎草原。后者分布于热带，亚热带，在高大禾草背景上散生不高的乔木，故被称为稀树草原或萨旺纳（Savanna）。这里终年温暖，年降雨量1 000mm以上，一年当中有两个干旱期（图1.1）。

T&B：冻原和湿原，ST：短草草原，P：普罗列，彭巴草原，SV：萨旺纳，D：沙漠，半沙漠，A：人工牧草地

图1.1 世界草原地理分布（大久保，1990）

表1.1 各种草原类型面积及全球陆地面积中的比例（White等，2000）

草原类型	面积（100万km^2）	全球陆地面积中的比例（%）
典型草原	10.7	8.3
灌木草原	16.5	12.7
萨旺纳	17.9	13.8
冻原	7.4	5.7
合计	52.5	40.5

1.2　草原形成条件

地球上植被有森林、草原等多种植被类型，与地理分布和地形、土壤等环境条件密切相关，其中气温和降水是影响植被分布格局的重要环境因子。地球上除森林植被以外，能够形成草原的地区分布面积非常广。地球陆地面积的三分之一，被称为草原地带，这里指的草原地带是以草本植物为优势的稳定的植被带。由于年降水量较少，导致森林难以生长发育而草本植物可以正常生长发育的地带。例如，草原分布于降水稀少的沙漠和降水丰富的森林之间的过渡带。从全球尺度审视草原，草原基本上被气候干旱的沙漠地带所包围，从这种分布现状看影响草原的最大环境条件是干旱气候导致的水分不足。木本植物的生长需要消耗大量的水分，而根系发达的草本植物在干旱缺水的环境中具有绝对的竞争优势，这也就导致草原区树木稀少的原因之一。另外，低温会引起生长期温度不足，也会影响木本植物的生长，因此在高纬度的北半球只有冻原，冻原也是在低温环境中形成的草原类型。

草原的分布区一般具备以下几个特点：远离海洋的内陆地区；被高山遮断的季风背风一侧；中高纬度高气压控制地带。如欧亚大陆内陆地区，北美洛基山脉东侧，非洲大陆南北纬 20°~30°，澳大利亚中部及周边地区。无论哪个草原地区都与戈壁、阿塔卡玛沙漠、撒哈拉沙漠等著名的沙漠毗邻，即沙漠地带的附近分布着天然草原带，这让草原从热带到温带的分布范围极为广泛。图 1.2 中所示的是世界干旱及半干旱地区的植被分布，图的纵轴是年降水量，横轴为年均气温。

从该图可以看出，首先，世界干旱及半干旱地区分布于年均降水量低于 1 500mm 的地方。相反，如果是年均降水量大于 1 500mm 地区则形成森林。其次，1 500mm 不是草原形成的年均降水量界限，因为植被的形成也受年均气温的影响。如在气温高的地区，即使是年均降水达到 1 500mm，也只能形成草原；但在气温低的地区，在 500mm 的年均降水条件下也可发育成为草原。在气温较高的地区，由于植物旺盛生理活动需要更多的水分，所以，气温与植物生理需水量间关系十分密切。另外，年均降水量在 250mm 以下的地区，无论热带还是温带，荒漠和沙漠占主导地位，在草原和沙漠之间较温暖的地区可以看到有刺灌木林。

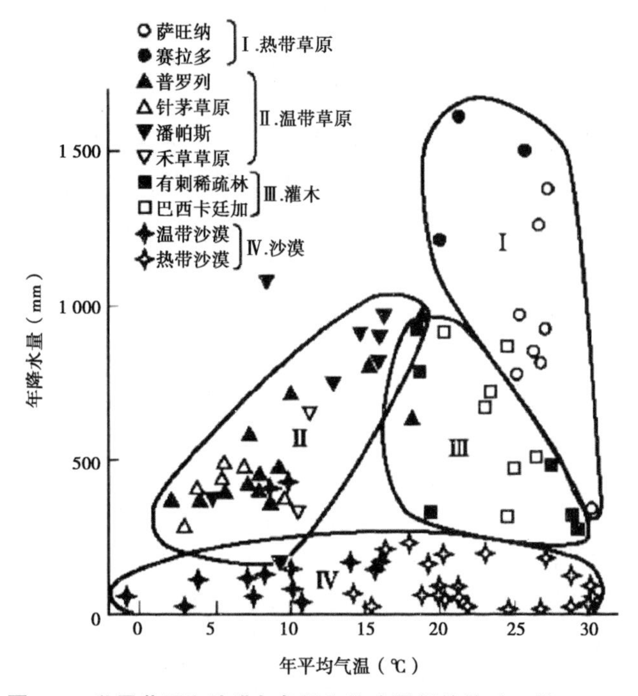

图 1.2　世界草原和沙漠与气温和降水量间的关系（林，1997）

1.3 草原生态环境

（1）温带草原生态环境。温带草原位于地球南北中纬度温带和亚寒带地区，以多年生禾本科植物为优势，分布于年降水量为250~750mm干旱和半干旱地区。有北美落基山脉东侧的普罗列草原，北半球东西走向的欧亚草原，还有南美潘帕斯草原和非洲南部温带草原。其中面积最大的是美国落基山脉以东的普罗列草原（prairie），面积约为35 000万 hm^2。位于北美大陆中央的普罗列草原呈南北走向，从美国南部德克萨斯州至加拿大南部的阿伯达州和萨斯喀彻温州。年降水量为250~800mm，落基山脉附近降水较少，东侧的夏绿阔叶林带附近降水较多，普罗列草原雨水主要集中在夏季，但西北部及加利福尼亚地区冬季也会降雨。气温南北差异较大，冬季气温分布格局较明显，普罗列草原北部气温为-20℃，而南部德克萨斯州墨西哥湾附近气温为10℃。夏季温差较少。普罗列草原由东向西降水减少，干旱指数增加，呈东西梯度分布。草原群落高度也发生变化，东部为高茎草原群落平均高度可达2m，中部为高茎和短茎混生草原，西部为短茎草原。普罗列草原植物以须芒草属（*Andropogon*）、针茅属（*Stipa*）、格兰马草属（*Bouteloua*）等禾本科植物为优势种，其次为豆科和菊科植物。从匈牙利至中国东北部的欧亚温带草原斯蒂普（Stipa），呈东西带状绵延1万多km，面积约25 000万 hm^2。年降水量为350mm左右，年均气温为4~10℃，但随分布区域的不同略有差异。植物群落以丛生禾草为主要，包括针茅属（*Stipa* 属）、羊茅属（*Fastuca* 属）、雀麦属（*Bromus* 属）优势植物。

温带草原土壤属于富含有机物且排水良好的栗钙土。这种松软的土壤非常有利于植物根系生长。在温带草原随草原气候和群落类型的不同土壤类型也有差异。在半湿润地区土壤表层有机物含量为5%~10%。主要是有草原禾本科优势植物根系所提供，土壤有机物在草原夏季气温升高时由于土壤水分降低，其分解也会受到抑制。半湿润草原带表层土壤呈中性或弱酸性，到下层土壤随碳酸钙的积累逐渐呈碱性。而半干旱草原带表层土壤有物含量为3%~5%，随有机物含量减少土层颜色呈淡栗色，土壤水分蒸发量增大，在30~50cm深处土层易形成钙积层。表层土壤酸碱度为7.0，钙积层土壤酸碱度为8.0以上。Asano等对位于温带草原东部的蒙古国草原区土壤形态观测结果如下，越往南部土壤A层的颜色变浅，A层的厚度变薄，土壤构造的发育程度减弱。另外，在森林草原区土壤中无钙积层，而森林草原以南的地区土壤中可以看到钙积层。越往南部的调查样地，钙积层越向土壤表层移动，在最南部的调查样地土壤表面就含有大量的碳酸盐。表层土壤的有机碳和氮素含量北部样地最高，越往南部越低。在各草原类型区，由于气候条件不同，土壤水分也有差异，不同的植被类型供给土壤的碳含量差异导致了上述的结果。降水量越少的调查样地其土壤pH、EC越高，可溶性离子含量也越高，有机碳含量越低。各草地类型区间，无机碳、氮、CEC、土壤物理性质无明显的差异。碳酸盐积累层在土壤中的分布深度取决于降水，随降水量的减少，易溶于水的盐类促进了碳酸盐积累层的厚度增加（图1.3）。

（2）热带草原生态环境。热带萨旺纳（Savanna）分布于年降水量在1 000mm左右，有明显旱季和雨季的地区，如非洲、澳大利亚以及南美大陆。典型的热带草原是以禾本科植物为优势的辽阔大草原上，分布有零星的乔木和灌木。热带草原的草本植物属于丛生型禾本科植物，主要有具有较高光和能力的C4植物构成，也有苔草及豆科植物。除木棉科的高大落叶乔木猴面包树（*Adansonia* Linn.），大多数属于高约几米灌木，这些灌木为适应

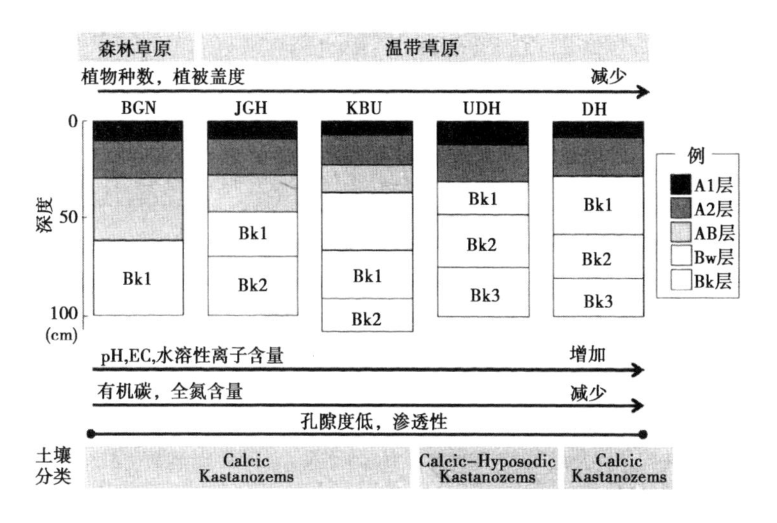

图 1.3 蒙古国温带草原土壤形成因子及土壤性质（Asano 等，2007）

干旱气候环境，防止水分蒸腾，植物叶片表面往往拥有蜡质层，气孔深陷于叶肉组织内。草原植物不仅要适应雨季旱季分明的环境条件，还必须耐牧，耐火烧，所以草原灌木的树干多数具刺，树皮坚硬，草原多年生草本植物根茎发达，一年生植物可利用来之不易的降雨，能够迅速完成其生活史。

非洲草原的萨旺纳景观最具有代表性，其分布于撒哈拉沙漠以南的地区。群落类型多样化有苞茅属（*Hyparrhenia* Anderss.）和须芒草属（*Andropogon* L.）植物为优势的湿性萨旺纳。也有以金合欢属（*Acacia*），猴面包树属（*Adansonia*）以及其他豆科植物为优势，灌木在群落中占比例较大的干旱性草原。其中分布最广的是榄仁树属（*Terminalia*）和猴面包树属为主的稀树林，以及以金合欢属灌木，象草（elephant grass）等一年生植物。澳大利亚的萨旺纳分布于澳洲大陆的北部，主要以桉属、金合欢属等的木本植物和 C4 禾本科植物为优势。而南美洲的萨旺纳称为

Cerrado 和 Llanos。Cerrado 是指巴西中部年均降水量为 1 100~2 000mm，在海拔 300~1 000m 分布的类似稀树草原的辽阔地带。依据木本植物高度和密度可分以下几种类型：Campo limpo 是指无树木而宽广辽阔的草地，草地内混有少量树木的称为 Campo sujo，典型的萨旺纳属于 Campo Cerrado，林冠基本闭合森林附近的草地又称为 Cerrado。草本层的以 *Andropogon* 属、*Aristida* 属、*Paspalum* 属等禾本科植物为优势。另外，草地内零星分布的异形树木，树皮厚，叶片大而肥厚。这些特征不仅耐干旱，也具有耐草原自然引发的火灾。该地区植物物种多样性极为丰富，有超过 1 万种以上的植物，其中 44%属于该地区的特有种。Llanos 是指委内瑞拉、哥伦比亚内陆奥里诺科河流域周边分布以禾本科植物为优势的草原。分布于海拔高度低于 300m 以下低地，雨季易水涝，旱季较干旱的严酷环境之中，只有部分禾本科植物以及灯心草和椰子等极少数植物才能够生长发育。在南美洲有刺低灌木被称为 Caatinga，分布于年降水为 300~800mm，雨季和旱季交替不稳定的地带，包括 Cerrado 北部、巴西东北部、巴拉圭的恰可地区、非洲东部、印度西北部等地区。优势种有 *Mimosa* 属，*Caesalpinia* 属等植物，有些地区也有仙人掌。

热带草原土壤在雨季和旱季交替影响下极易风蚀，属于贫瘠的酸性氧化土。另外，土壤黏土成分主要由高岭土组成，铝离子含量过高影响土壤养分平衡。特别是铝离子极易和磷酸根离子结合形成磷酸铝，失去活性的磷元素不易被植物吸收利用，往往会导致植物缺磷。在南美的 Cerrado 地区土壤有机物为 1.5%~3.0%，土壤酸碱度为 4.8~5.2 的酸性土壤。而在北非 Savanna 和巴西 Caatinga 等更加干旱热带草原区，主要的土壤类型为淋溶土，淋溶土养分含量高于氧化土，并含有钙积层，土壤 pH 呈中性。南美和澳大利亚热带草原更加干旱，土壤类型为新成土，这种土壤中的速效磷含量非常低，并且富含盐分，土壤较贫瘠。

1.4 草原生态系统功能

人类从生态系统中获得各种各样的服务。草原上的人们利用有限的资源，在较为严酷的环境中从事着可持续生产及生活。生态系统提供给人类的不仅是食物，水，能源等服务，他还能够调整气候，净化水源，抵御洪水，预防疾病等功能。同时也形成与之相适应的风俗习惯、社会制度、思想观念、宗教信仰、文学艺术等。草原生态系统服务功能可以概略的分为三大类。第一类是提供产品功能，即为人类生产和生活提供生态系统产品，如提供食物、工业原材料、药品等可以商品化的功能；第二类是调节功能，即支撑与维持人类赖以生存的环境，如气候调节、水源涵养、水土保持、土壤肥力的更新与维持、营养物质循环、二氧化碳的固定及氧气的释放等。第三类是文化功能，草原生态系统为人类提供了娱乐、美学、文化、科学、教育等多方面的价值。

千年生态系统评估是由前联合国秘书长科菲·安南于 2001 年 6 月宣布启动的，其宗旨是满足决策者和广大公众对关于生态系统变化给人类福祉造成的影响方面的科学信息的需求，并对为改善生态系统保护和提高生态系统满足人类需求的能力所作的各种对策进行分析。根据评价报告分析，生活在干旱半干旱区人们最基本的生活物质主要来源于生态系统，对生态系统的依赖程度要高于其他生态系统。那么有必要认识生活在草原的人们与草原生态系统之间关系。

草原生态系供给服务功能是指是指生态系统与生态过程所形成及所维持的人类赖以生存的基本物质，它不仅给人类提供生存必需的食物、医药及工农业生产的原料，而且维持了人类赖以生存和发展的生命支持系统。从生态系统中获得产品，包括：洁净水资源、动植物提供食物、原料、燃料、遗传资源等。草原上从事生产活动的牧民，主要从经营的家畜身上获得肉类、乳制品、皮毛等畜产品，对于不易经营农业生产的草原牧区来讲是极为重要的养分和收入来源。草原植物还能提供纤维，也可利用禾本科牧草作为棚圈的建筑材料，以及农田绿肥。另外，草原植物的药用价值也是利用植物资源的重要途径之一，是传统植物学知识的重要组成部分。各民族在与疾病长期斗争的过程中，不断认识植物的药用功能，从周围环境中获得能够防病治病的药材，并经过长期的总结，积累了丰富多样的传统医药知识。关于欧亚草原东部蒙古族对植物的药物利用传统由来已久。山地药材种类多，而草原和荒漠中生长的药材产量大，以蒙古高原草原区为例，有常用药用 100 多种，大宗品种有麻黄、甘草、黄芪、党参、枸杞、苁蓉、黄芩、防风、桔梗、知母、柴胡等。草原极端气候环境孕育丰富植物资源，也丰富药用植物遗传多样性。如果挖掘草原植物耐旱、耐盐、耐寒等遗传基因，不仅有助于开发抗性作物新品种，也可能于利用未知基因资源研究抗癌等新药。

草原生态系统环境调节功能：主要是通过改善生态系统生态过程获得的生态效益，包括通过提高土地覆盖变化改变太阳辐射，调节气温和降水，抑制水土流失，净化水源等。在气候干旱的草原地带水是影响生物生存和生产的重要资源，草原地带的水作为重要环境因子和土壤水分，初级生产力，人畜饮水，草场灌溉，地表径流发生，土壤侵蚀等关系密切。所以，水的服务功能也是干旱草原带生态功能中最重要服务功能。其中改善地表植被涵养水源，保持水土流失是影响生态系统调节功能重要影响因子。而同时伴随草原过度放牧和不合理农业开发，会扰乱地表生态环境，破坏地表植被，随地表径流发生引发土壤侵蚀现象。草原植被不仅可以通过调节地表反射和蒸发可以改善局地环境，对于全球气候的调节方面也能起到固定二氧化碳，对缓减全球气候变化有重要作用。在干旱草原区虽然单位面积的生物量和土壤有机碳含量较少，但是无机碳几乎存储于草原地带，占全球碳元素总量的46%。草原作为全球分布面积最大的陆地生态系统，是陆地生态系统的重要碳库之一。

文化服务功能：草原文化是指人类在特定草原自然生态系统中经过长期生产和生活的历史积累。包括生产，生活方式及由此形成的价值观、审美趣味、宗教信仰、道德情操、思维方式等，成为具有地域特色多样文化、教育、娱乐及生态旅游等多种多样文化服务功能，也是人类从生态系统中获得的非物质的社会效益。

草原自然环境深刻影响着当地人的世界观和自然观等非物质文化，形成草原地带特有的文化、艺术及宗教。如在东北亚地区，被称为大漠画廊的中国甘肃省的敦煌莫高窟，以及流经蒙古国后杭爱省的鄂尔浑河全长480km，该河流域在历史上占有极重要的地位，被誉为中亚游牧民族的摇篮。包括额尔德尼召寺在内的鄂尔浑河谷遗址，被联合国教科文组织列入世界文化遗产名录（图1.4）。在中国内蒙古草原阴山岩画，无论从数量还是分布广度以及创作年代、表现内容等，在世界岩画当中占据着重要的地位和不可估量的学术价值。

图1.4　蒙古国鄂尔浑河流域的额尔德尼召

人们在长期的生产活动中，许多适应自然的放牧管理，节水技术，气象预报，药用植物等运用而生，这些历史积淀的生产生活方面的传统知识和技术，在漫长历史时期内维持土地资源的可持续利用。在中国内蒙古自治区和蒙古国的草原区，仍然保留着通过村落间协同活动，实施割草和火烧等草原管理活动。通过这些活动构建当地居民的民间社会关系，也维系着人们区域特点。但是，如果当地畜牧业生产发生转化时，那些传统的草地管理以及相关的文化也就逐渐失传，草原文化功能也就发生质的变化。在当前巨大的社会变革和经济活动中，如何维系传统文化和现代文化关系也成为今后重要的研究课题。

1.5 草原环境问题

畜牧业干旱半干旱地区最重要的土地利用方式之一。从能量循环角度看畜牧也是通过家畜利用植物生产物质，与农业生产相比利用很低。但是对于不利于农作物栽培的地带来讲，也是转化植物生物量的最好土地利用形式。在干旱半干旱地带游牧是经营畜牧业生产的主要生产方式。家畜逐水草而移动，主要饲养能够适应干旱缺水环境的骆驼、山羊、绵羊等家畜。游牧根据牧草的分布以及季节变动来决定移动路线。例如生活在山地丘陵区牧民，夏季选择海拔较高地段放牧，而冬季利用山谷低地草场。非洲撒哈拉西部牧民生活在沙漠和热带草原中间地带，为了保证家畜不至于掉膘，在雨季来临时移动到牧草蛋白质含量较高的沙漠边缘放牧，旱季来临时回到南部热带草原放牧。在亚洲温带草原放牧也分春、夏、秋、冬四季营地。也分打草场、轻度放牧场、退化草场。例如退化的如冷蒿草场，用于春季接羔，轻牧草场能经受必要的火烧演替。退化草场有更多的牲畜和动物粪便补充。羊春季在草场上主要吃小白蒿和枯干的细草，如糙隐子草，而夏天不吃小白蒿。牲畜一年四季在不同草场，天冷天热，风大风小，甚至早晚饮水前后都吃不同的草。

所以，游牧不应理解为粗放畜牧业经营方式，而是在极端环境中的合理畜牧业生产系统。游牧代表的是传统的草原利用及其管理方式，在人类漫长生产生活历史过程中，为应对干旱半干旱区严酷的自然环境，尽量合理利用环境资源，降低对环境资源的压力和无节制的索取。因此，游牧本身体现的是游牧民的经验智慧，也是草原可持续利用方式的传承。但是，随着社会经济及科学技术的飞速发展，草原土地利用方式和人们生活也发生很大变化，伴随人口增加人们对畜产品的需求递增，从而导致家畜头数剧增。牧民生活生产方式正在改变，游牧生活向定居转型，游牧生产经营向集约经营转变。为获得更多的粮食和饲料草原农业开垦面积不断扩大，对草原生态系统带来极大的压力。其中，过度放牧，过度耕种等不合理土地利用方式都是造成草原退化的主要因素。根据 1991 年 UNEP 发布报告，全球受荒漠化影响地区约为 36 亿 hm^2，其中放牧用地面积为 333 300万 hm^2，旱作农业用地 21 600万 hm^2，灌溉农业用地 4 300万 hm^2。占陆地面积的约 1/4，可利用农业用土地面积的约 70%。全世界约 1/6 人口生活在该地区。非洲和亚洲是土地荒漠化重灾区，占全球荒漠化土地面积 2/3。

（1）过度放牧。草地载畜量必须依草原生产力而定，才能维持草畜平衡，如果超过草地载畜量，即为过度放牧。过度放牧是草地实际放牧率超过理论载畜量额定上限标准的放牧方式，超过当地草原环境容纳力，根据放牧家畜密度高低可分为轻度放牧，强度放牧以及重度放牧。全球草原生产力分布格局为低纬度降水量高的地区比高纬度降水量低的地区草原生产量要高。其放牧利用程度较高地区包括非洲撒哈拉沙漠南部，中亚、亚洲东部，北美、澳大利亚东部和西部，新西兰、南美等地。全世界放牧利用土地已经达到全球陆地面积的1/2，除去干旱低温的澳大利亚内陆和冻原，世界草原分布区与放牧利用土地基本吻合，草原已成为生产家畜的重要的放牧场所。

在东北亚草原退化主要是因牧民定居和家畜数增加造成。中国内蒙古自治区（以下简称内蒙古）的草原放牧制度由传统的游牧方式逐步向定居游牧、定居移场放牧、定居划区轮牧制度转型。中华人民共和国成立初期内蒙古牧区经济发展政策是按盟旗行政区划，草原牧场内实施放牧自由，到1956年又提出在游牧区应该逐步做到定居移场放牧，在牧场狭窄的地区应该做到定居划区轮牧，到20世纪60年代中期，在内蒙古地区延续几千年的游牧方式，已基本被定居游牧或定居移场放牧所取代。80年代初期牧区率先实行了家畜承包制，80年代中期内蒙古等地牧区在家畜承包的基础上实行草原集体使用，牧民分户承包经营制度，1989年开始落实草场承包经营责任制，从1994年在全国推广草原有偿承包经营责任制，到2005年草原牧区“畜草双承包”责任制工作基本完成。但是牧区却出现草原退化，发展受限，牧民贫困化等问题。有关分析认为，除人口增加，滥采滥伐引起的超载放牧，市场经济和产权私有制度下草原经济主体以利润为主要目标，超承载力发展私有畜群以致草畜平衡失调是草原退化的重要原因。例如中国东北部草原地区，从中华人民共和国成立初期到20世纪80年代初期，在不足30年的时间内每头绵羊的草场占有面积降低到中华人民共和国成立初期的1/5以下。这种家畜头数增加不仅使原有的草场退化荒废，也会使不适于放牧的土地被相继利用（图1.5）。

在蒙古国传统的畜牧业主要以亲族关系和社会经济关系为纽带的营地集团为单位的游牧。但从1920年后随社会主义体制的建立，开始由自给自足的经济向商品经济转变，但是已经习惯在漫长历史进程中形成的传统游牧生活，并没有改变其生活方式，

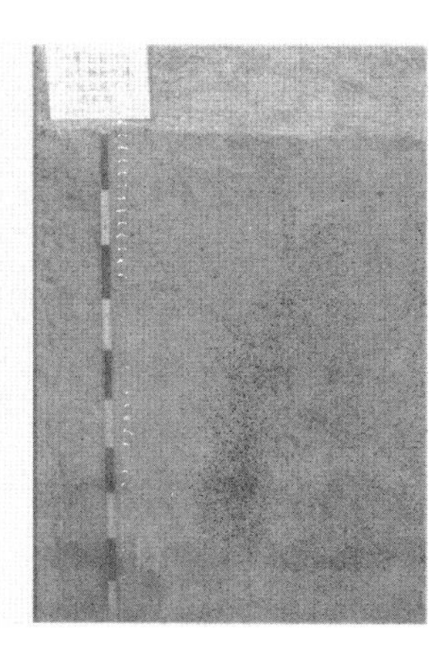

图 1.5　（左）一般草原土壤，（右）过度放牧后退化的草原土壤
（中国内蒙古，中村，2007）

1920—1930 年实施合作社集团化政策以失败告终。但是，随人口增加，工业化步伐加快，城市化进程推进牧民逐步趋向定居，为确保对粮食及工业原料需求，有必要实施集约经营。在这种社会背景下到 1950 年共建立 255 个生产合作社，由集体集中管理土地和家畜。牧民根据生产要求从事相应的劳动，饲养规定家畜种类和家畜数量，生产合作付给牧民相应的劳动报酬以维持生计。

这种在社会主义体制下建立的公有制集体生产体制，随着苏联解体，从 1991 年开始向市场经济转变，生产合作社及国营农场的家畜，生产资料分配给牧民向私有化和民营化转型。随家畜私有化发展家畜饲养头数剧增。同时失去有关家畜疾病预防，饮水设施，防灾物质储备，家畜市场交易等基本维护管理和生产合作社援助。牧民本身的放牧经验和技术的不同也会扩大贫富差距，也会围绕牧场及营地发生各种争执。特别是在城市，水源及道路周边等围绕公共资源定居现象加剧这些地区草场压力，出现草原退化问题（图 1.6）。

图 1.6　蒙古国中央省南部退化草原和后杭盖省退化草场的狼毒群落

另外，家畜种类变化也是导致草原退化主要原因之一。不同家畜其采食特性和嗜好不同，马喜好禾本科植物，山羊和骆驼喜欢采食藜科植物和灌木，牛和绵羊喜事低矮禾本科牧草，这种家畜对牧草高度和牧草种类嗜好，家畜进食速度和移动速度等存在差异，在漫长历史过程中牧民通过不同家畜混合放牧草场可以得以均衡利用。但是，近年来世界羊绒市场需求增大，草原山羊饲养数量剧增，从而打破传统家畜混合放牧模式，这也是加剧草原退化原因之一。

（2）不合理农业开发。草原属于半干旱气候条件下发育形成的顶级群落，由于降水较少，土壤中的钙镁离子不易被淋洗，富含各种盐类和有机物，土壤肥力非常高。木本植物稀疏，极易开垦，所以，从乌克兰到西伯利亚的温带草原带上分布栗色沃土，也是以种植小麦世界闻名的大粮仓。美国普罗列草原的灌溉农业也十分发达，种植小麦、苜蓿、玉米、棉花等农作物，残留的天然草原的面积只有 9.4%。南美草原在伴随农业技术的进步，不切实际草地开发现象与日俱增，到 2007 年为止，被开垦的草原面积达 70%，严重影响野生动物栖息环境生物多样性降低。在内蒙古草原为满足人口增加对粮食需求，从中华人民共和国成立初期到 20 世纪 80 年中期代，先后被开垦的草原面积达

207 万 hm^2，开垦使草原地区植被遭破坏，地表裸露，水土流失，土壤沙化盐碱化，甚至出现河流断流、湖泊干涸。大风日增多，裸露的表土和沙尘随风而起，形成扬沙或沙尘暴天气，这些地区已成为我国北方的严重沙源区。据估算，每开垦 $1hm^2$ 草原将导致 $3hm^2$ 草地沙化。在蒙古国从 1959 年开始导入苏联农业开发政策进入全新发展时期，在整个农业发展期出现过 3 个剧变时期，1960 年草原开垦面积 26 万 hm^2，到 1965 年耕地面积是 1960 年基础增加 81%达到 47 万 hm^2。第 2 个变化期出现在 1976 年开始的 2 个 5 年计划期间，新增耕地 27.9 万 hm^2。在社会主义体制下 1989 年的耕地收获面积达 70 万 hm^2，加上休闲农地约为 140 万 hm^2，到 2007 年农业种植面积只有 20 万 hm^2，如果算上休闲农地约为 40 万 hm^2。前后相差 100 万 hm^2，也就所在近 20 年的时间内草原出现 100 万 hm^2 的弃耕地。蒙古高原草原区农业开垦面积一直处于增加的趋势，并且增加的幅度较大，其中，内蒙古农田增加面积远大于蒙古国（图 1.7，图 1.8）。草地、未利用地、林地及部分水体多转为农田。农田较多的土地类型在蒙古国为未利用地，在内蒙古多为林地。

1.6　中蒙草原研究的科学问题

中蒙两国同属草原大国，其中位于蒙古高原的温带草原地跨两国，东西绵延 4 000多 km，南北跨越 20 个纬度，面积达 260 万 km^2，也是迄今保存最好、面积最大、集中连片、利用历史悠久、居住人口最多的天然草原。蒙古高原草原不仅是两国共同的重要的生态屏障，也是双方重要的畜牧业生产基地、游牧文化传承的载体，对于两国的生态、经济和社会发展具有极为重要的意义。我国在草原生态和利用中仍然存在诸多科学问题和技术难题，尚未得到充分认识和解决，以致难以有效指导生产实践。横

图 1.7　蒙古国中央省西部草原区的农田

图 1.8　中国锡林郭勒南部草原区的农田

跨中蒙两国的蒙古高原是人类活动和气候变化最为显著的地区之一，中蒙两国在草原保护建设与利用以及应对全球气候变化方面具有共性难点，也有在自然地理位置、国家畜牧业政策、草原利用方式等差别造成的个性问题。当下，各国都将步入草原科学保护和利用的关键时期，亟待寻找科学优化的“生态-生产-生活”

模式，以摆脱草原生态持续恶化与牧区经济发展缓慢及牧民增收困难的境地。深入开展中蒙典型草原带作研究，将有望从更大时空尺度上认识蒙古高原草原发生与发展以及利用演变的规律与机理，从更为广阔的视角和更深刻的水平上认识蒙古高原草原的科学问题与实践难题，为实现理论集成创新发展与生态保护建设实践的跨越式推进奠定基础。

人类活动频度与强度对中蒙草原生态系统影响：从 1980 年开始在中蒙草原东缘南部草原区，在草原退化与恢复演替机理，草畜平衡，生物多样，草地适应性管理，农牧交错区社会生产范式等大量的研究工作。人们已对农业耕作生产与畜牧业生产等对草原生态系统的影响已有广泛的认识与理解，但是研究区域，对象和尺度各有侧重，主要集中于中蒙草原东缘南部典型草原带，有必要从整体上认识人类活动频度与强度对东缘生态系统的影响，为欧亚温带草原东缘遗传多样性、物种多样性、生态系统多样性的保护，为欧亚温带草原东缘生态系统退化过程与原因、过程与机理、恢复与重建提供对策。同时，跨越中蒙两国境内的温带草原东缘生态系统存在历史上已形成的放牧梯度和各种人类干扰活动，有利于开展区域间生态系统与人类活动的比较研究。通过对温带草原东缘核心区生态服务功能形成、演变、调控机制、时空格局，评估不同管理方式下生态系统服务功能的变化与人类活动关系，深入开展不同强度的人类干扰下东缘生态系统在不同组织层次上变化等研究。

人类行为与自然地理格局的关系：IGBP 认为人类行为模式的改变，是应对和适应全球气候变化下保持可持续发展的首要原则，全球气候变化对人类生产活动的影响开始引起世界各国的注意，其中体会最深的是对农业生产影响。而在温带草原典型草原带人们对全球气候变化对社会生产活动影响的理解和认识远远不够，虽然，中蒙典型草原地区，具有独特的气候特征、地理位置，多样的生态系统，丰富的生物资源，但位于北半球中高纬度敏感区域，是未来气候变化最脆弱的地区之一，因此有必要从整体分析，中蒙典型草原带在全球气候变化背景下人类行为与自然地理格局的关系。在景观上是在温带草原生物群域的背景上，零星分布着粗放耕作的农田与村落等景观单元，由沿经向逐渐稀疏分布。有跨国界的民族文化、社会制度、社会经济等存在明显差异，有独特的人文环境，因此如何在符合国情的基础上实现科学管理仍需深入探讨。主要研究人类不同类型生产和生活活动的物质能量代谢过程，自然资源保护，生态系统管理，城乡发展统筹规划，应用生态系统原则应对人类行为与可持续发展的关系。

中蒙草原生态系统对全球气候变化下的响应：目前人们对气候变化的基本事实与全球气候变化的平均趋势已有了较好的了解，我国从 1987 年起开展了一系列针对气候变化的研究，关于全球气候变化与温带草原关系的研究主要集中于东缘南部，在研究等取得了一系列的研究成果。但对全球气候变化对中蒙典型草原带核心区域影响与未来的变化趋势尚存在许多问题。主要是缺乏沿全球气候变化主要环境梯度上对中蒙典型草原的整体理解，特别是对中蒙草原东缘生态系统各组织层次在对全球气候变化下的响应需要比较与深入探讨。因此，中蒙典型草原生态系统比较研究，有助于揭示全球变化背景下中蒙草原的植被与环境关系。

深入开展中蒙国际合作研究，将有望从更大时空尺度上认识蒙古高原草原发生与发展以及利用演变的规律与机理，从更为广阔的视角和更深刻的水平上认识蒙古高原草原的科学问题与实践难题，为实现理论集成创新发展与生态保护建设实践的跨越式推进奠定基础。

2 中蒙典型草原带自然概况

蒙古高原的典型草原由两部分组成，中国境内主要分布于内蒙古呼伦贝尔高原和锡林郭勒高原的中部和西部地区，蒙古国境内主要分布于肯特山脉南部以及杭盖山脉以东地区。在亚洲中部克氏针茅草原是典型草原的主要的代表类型，在蒙古高原地区，这种草原植被大面积分布，一般不进入森林草原和荒漠草原，中国内蒙古境内克氏针茅草原东部与大针茅草原交错分布，蒙古国境内克氏针茅草原带东南部地区有零星大针茅草原分布其中。克氏针茅和大针茅混生地带生境为宽阔平坦，不受地下水影响的波状高平原。克氏针茅草原在本研究区中，北部植被为以贝加尔针茅（*Stipa baicalensis*）为优势种的草甸草原；中和南部为以大针茅（*Stipa grandis*）、克氏针茅（*Stipa krylovii*）、羊草（*Leymus chinensis*）为优势种的典型草原，也有以贝加尔针茅为优势的局部的草甸草原区；样带西部主要以克里门茨针茅（*Stipa klemenzii*）、戈壁针茅（*Stipa gobica*）为优势的荒漠草原等大的生态类型。所以，克氏针茅草原往东和往北进入森林草原带，会被中生贝加尔针茅所替代，往西及西南进入荒漠草原带则被更为干旱的小针茅荒漠草原和暖温型短花针茅草原所替代。在阴山山脉以南，则被暖温型草原带本氏针茅所取代（图 2.1，图 2.2）。

中蒙典型草原带处于东亚季风与北方寒流交替影响通道上。南部冬季经常受蒙古高压的控制，气候严寒而干燥，夏季受海洋气团影响，暖热多雨；中部地处蒙古高原典型草原区，在大气环

图 2.1　中国内蒙古植被类型图（伊藤等，2006）

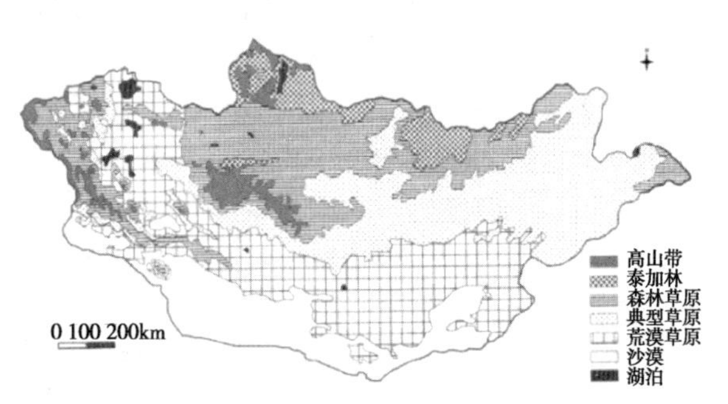

图 2.2　蒙古国植被类型图（Finch，1999）

流上表现为直接受蒙古高压的控制，冬春季节气候寒冷，夏季受东亚季风影响温和多雨，属中温带的半干旱气候；北部属典型大陆性气候，受西伯利亚高压的控制，冬季严寒漫长，夏季短暂而凉爽。

中蒙典型草原带群落类型主要有克氏针茅+糙隐子草，克氏针茅+糙隐子草+冷蒿，克氏针茅+羊草，克氏针茅+大针茅，克氏针茅+冷蒿，小叶锦鸡儿+克氏针茅，克氏针茅+冰草等类型。在克氏针茅草原中起建群作用的是草原典型旱生植物克氏针茅，群落中优势植物有糙隐子草、羊草、羊茅、冰草、冷蒿。其他优势成分还有小叶锦鸡儿、百里香、星毛委陵菜、寸草苔等。常见成分还有变蒿、冰草、黄芪、扁蓿豆、草芸香、细叶葱、阿尔泰狗娃花等。另外，由于过度放牧等人为活动影响也会出现黄蒿、栉叶蒿、独行菜、苍耳等非草原成分植物。中蒙典型草原植物区系以蒙古草原成分、亚洲中部区系成分为主。

中蒙典型草原带土壤类型多数为壤质，沙壤质或沙砾质的栗钙土。土地利用由南向北表现为纯农业区—半农半牧区—两季轮牧区—四季游牧—林区的完整的序列与过渡，土地利用的强度有显著变化，有跨越不同人文地理区域的放牧梯度。根据土地利用现状结构与主要土地资源利用的限制性因素，可划分为 3 段：南部的半农半牧区，主要包括内蒙古太仆寺旗，畜牧业以圈养为主，种植业以马铃薯、莜麦、玉米、油菜、甜菜等为主。内蒙古锡林郭勒地区中部为围栏放牧。北部的蒙古国境内依然沿袭着逐水草而居的传统游牧生活。

2.1 气候

(1) 降水状况。中蒙典型草原带降水在南部受东南海洋气流作用，在北部受东南海洋气流影响不大，夏季水蒸气来自亚洲中部和东西伯利亚地区。年均降水量约为 300mm，南部和北部偏高，中部偏低（图 2.3，图 2.4）。中蒙典型草原带降水大多集中于夏秋季节，即 7—9 月的降水往往占全年降水的 80%~90%。位于本研究区核心地段的 7 个气象站年均降水量为，南部的多伦年降水量为 371mm，到浑善达克沙地北部的锡林浩特年降水量为 274mm，进入东乌旗盆地年降水量降到 247mm；到了中蒙边境的蒙古国巴音德力格尔苏木年降水量为273mm，而典型草原中段的蒙古国苏和巴托省西乌日图年降水量为200mm，蒙古国肯特山脉南部温都尔汗的年均降水是246mm，西北部临近乌兰巴托的中央省巴彦苏木年降水量为224mm；该区域的年均降水量基本在200~370mm。

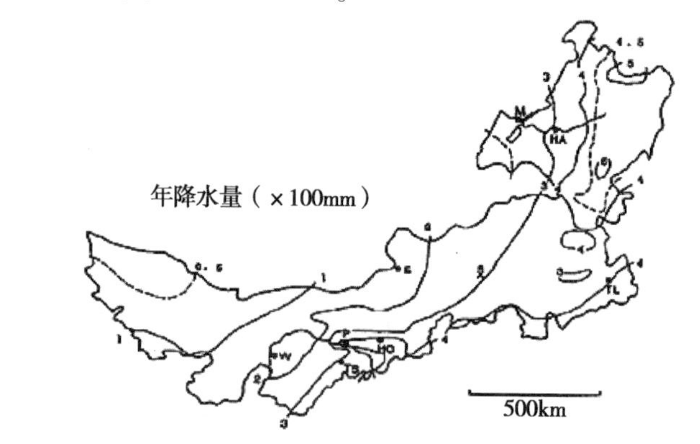

图2.3　中国内蒙古年降水量分布图
（中国科学院内蒙古宁夏综合考察队，1985）

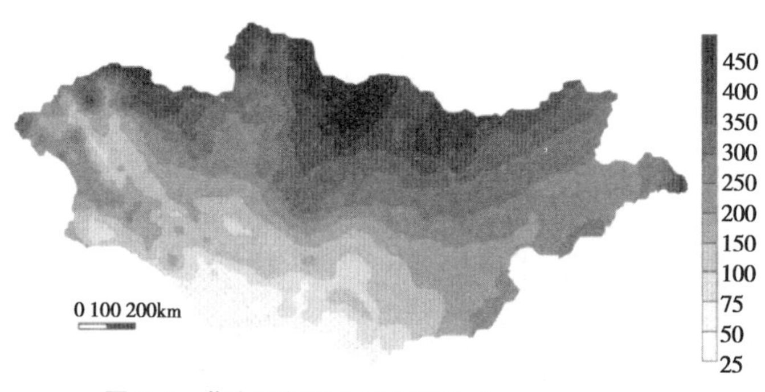

图2.4　蒙古国年降水量分布图（MNET，2009）

（2）热量状况。中蒙典型草原带地处中高纬度，云量不多，夏季日照时间长，太阳总辐射量自北向南，从东到西，气温由北向南呈递增趋势（图 2.5，图 2.6）。本研究区的大陆度较高，冬季受蒙古高压的控制，气流来自北方，使气温很低，冬季漫长而寒冷。夏季持续时间短，气候温热。春季气温易骤升，秋季气温也会陡然下降。年均温度一般在-6～4℃，太阳辐射作用与纬度呈负相关，随纬度升高而降低。冬季受极地大陆气团控制，冬季寒冷，春季地表增热快，回暖迅速，地形对气温影响明显，纬向梯度减少，经向梯度加大，到夏季 7 月出现全年最高温。

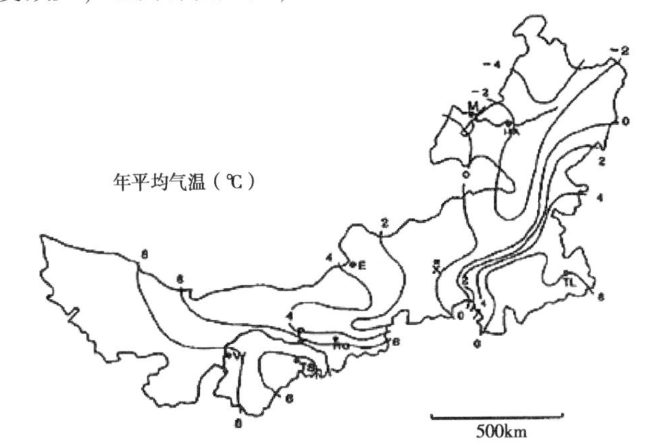

图 2.5　中国内蒙古年均气温分布图
（中国科学院内蒙古宁夏综合考察队，1985）

图 2.6　蒙古国年均气温分布图（MNET，2009）

2.2 地形条件

本研究区内大体是以高平原地形为主体。在地质构造上主要受新华夏构造带和纬向构造带控制。东起大兴安岭山脉，向西南与浑善达克沙地相连，北部肯特山脉往南，荒漠草原以东构成了中蒙克氏针茅草原核心地带。在地貌结构上，大体由外缘山地逐渐向浑圆的低缓丘陵与高平原以此更替，平均海拔约为 1 000m。

（1）东蒙古高原区。东蒙古高原区主要包括蒙古国的肯特、东方、苏和巴特尔等 3 省。北部肯特山脉呈东西向分布，流经东方和肯特省的克鲁伦河流（图 2.7）。沿肯特山南部谷地流入中国呼伦贝尔草原。克鲁伦河以南属于广袤的高平原地形（图 2.8），海拔高度一般在 1 000~1 300m，在苏和巴特尔省中部西乌日图地区有宽约 50km，呈东西向的湿地，往南则属于丘陵地带。

图 2.7　蒙古国境内克鲁伦河

（2）锡林郭勒高原区。位于中国内蒙古中段的锡林郭勒高原也是一个宽阔的草原地区，海拔 900~1 300m。北部有巴隆马格龙丘陵，东部大兴安岭山脉，南部浑善达克沙地，西部是阿巴嘎熔岩台地，但地形切割不剧烈。本区也有小型内陆河和洼地，东北

图 2.8 蒙古国苏和巴特尔草原景观

部以乌拉盖河为中心，形成乌珠穆沁盆地（图 2.9~图 2.12）。

图 2.9 中国锡林郭勒草原景观

图 2.10 中国锡林郭勒中部浑善达克沙地

图 2.11　中国内蒙古锡林河

图 2.12　内蒙古乌珠穆沁草原

2.3　土壤资源

（1）地带性土壤资源。草原地带性土壤是与气候和植被相对应土壤类型。中蒙典型草原土壤以栗钙土为主，属于该地区草原的地带性土壤，他是草原半干旱气候条件下的产物，具备典型草原土壤特征，其分布与典型草原带大致吻合，具有三个基本特征，有腐殖质性，结构性和含盐性。栗钙土气候属于温带半干旱大陆性气候，光热条件好，但降水较少。随气候干旱程度和草原植被旱生性的加剧，栗钙土带还形成三个不同的亚带，即暗栗钙土，普通栗钙土和淡栗钙土等。在中蒙典型草原带由于气温从东北向西南逐渐增高，湿润度由东北向西南逐渐降低，随气候变化典型草原土壤的腐殖质层和钙积层的深度、厚度、数量和形式，随地区水热条件的成土母质的不同而有所区别。一般栗钙土的剖面由栗色或灰棕色腐殖质与紧实的灰白色碳酸钙淀积层组成，在典型栗钙土地带腐殖质的厚度 25～45cm，而且向下急剧转淡，过渡层明显。在中蒙典型草原区与栗钙土相适应的草原植被以克氏针茅草原为主，也有零星分布的大针茅草原。杂草层不发达的克氏针茅草原是典型栗钙土上的主要群落类型，在淡栗钙土上也有种类较贫乏的克氏针茅草原，而杂草层发达的大针茅草原发育的是暗栗钙土。

（2）隐域性土壤资源。隐域性土壤主要受水文、地貌及成土母质影响与地带性土壤呈镶嵌分布的非地带性土壤。中蒙典型草原带的非地带性土壤主要有草甸土，沙土和盐碱土等。

草甸土：草甸土是非地带性土壤，在黑土，黑钙土，栗钙土等地带均有分布。地形多数为冲积平原、泛滥地、低洼地等，地势较广，是周边广大地区地下水和地表水汇集中心，因而土壤湿润，土层较深，土壤富含有机质，肥料高，土壤溶液中矿物质成分丰富。在典型草原带的草甸土植被多数以羊草杂类草原为主，因所处的地带不同，其植物种属各异，但植物种类组成比较丰富，群落结构多样，季相变化明显，生长茂盛。母质以淤积物为主，还有洪积物和河积物，质地从粗沙到黏土，种类多种多样。草甸土的形成过程主要为草甸化过程，在草甸植被作用下发育的半水成土，有腐殖质层和母质层组成，呈中性和微碱性反应，由于腐殖质组成多为胡敏酸，与钙结合形成团粒结构。表层有机物的积累和土层下部直接受水浸润，有季节性氧化还原反应，使草甸土中的铁，锰化合物发生间歇性氧化还原反应过程，从而使铁锰发生移动或局部沉淀，在土壤剖面中出现锈色胶膜和铁锰结合现象。腐殖质含量可高达5%~10%，土壤中养分和水状况良好，其母质层受地下水位影响，均有不同程度潜育现象。

盐碱土：盐碱土常以斑块形式分布于栗钙土，黑钙土等地带性土壤之中。从低平的阶地、湖滨、缓坡洼地、剥蚀高原都可见到。地形是影响土壤盐渍化的形成条件之一。地形的高低和物质组成的不同影响地表及地下径流的运动，从而影响土壤盐分在土体中的运动。在封闭的盆地，半封闭的河谷，泛滥冲积平原，滨海低地平原等不同地貌环境中都能形成不同类型的盐渍土，在地形相对高的地方以碳酸钙，碳酸镁和重碳酸盐为主，中部以硫酸盐为主，到水盐汇集末端的滨海低地及闭锁盆地多为氯化物盐类。在地下水位高，无良好的排水出路地段，由于盐分大量聚积，盐土表层多出现盐结皮、盐渍斑，有时会出现无植被覆盖的光板地。碱土和盐土的发生关系密切，在草原区盐土和碱土均成复区存在，统称为盐渍或盐碱土。其成土原因主要是地下水和地表水携带可溶性盐，通过土壤毛细管或地表径流流入低洼平坦无排水出路地段上，经过常年积累而形成。

2.4 典型草原

典型草原是欧亚温带草原植被类型之一。由典型旱生和广旱生植物，以丛生禾草为建群种，还可伴生中旱生杂类草和根茎禾草，有时混生旱生灌木和半灌木。其生态位居于草甸草原和荒漠草原之间。优势土壤为栗钙土。一般植被盖度为20%~40%，干物质产量80~100g/m^2，每平方米内植物种约为15种。主要类型有以下几种。

（1）大针茅草原。大针茅草原是亚洲中部草原亚区特有的一种丛生禾草草原类型，中蒙典型草原带内的大针茅草原主要分布于蒙古国东部，中国锡林郭勒草原东部，其生境为宽阔，不受地下水影响的波状高平原上（图2.13）。大针茅草原分布最适于排水良好的地带性生境。在受地下水影响的草甸土或盐碱化土上则会消失。在沙质栗钙土上可以见到发育很纯的大针茅草原。此外，随放牧利用强度等人为活动的加剧，大针茅逐渐消失，会被克氏针茅草原取代。大针茅草原有时也会出现于森林草原带边缘，但不进入荒漠草原带。当生境条件趋于湿冷时，大针茅往往会被中生贝加尔针茅草原取代，如果生境趋于干旱时，又会被更为旱生的克氏针茅草原所代替。因此大针茅草原属于温带半干旱区域中温型草原典型代表。土壤一般为土层较厚的壤质或沙壤质典型栗钙土和暗栗钙土。

图2.13　蒙古国境内的大针茅草原

大针茅草原的种类组成比较丰富。每平方米一般有10~20种植物。主要属有禾本科的针茅属、隐子草属、赖草属、冰草属、菊科蒿属、豆科的黄芪属、蔷薇科的委陵菜属、百合科葱属等。其植物种可分属于以下几个生活型：旱生灌木及小灌木，主要有小叶锦鸡儿、麻黄、冷蒿、伏地肤、百里香等。当土壤基质变粗，沙砾质增多时，形成明显层片或小半灌木层片，构成灌丛化的大针茅草原。旱生多年生草本：丛生禾草中大针茅优势，其次有克氏针茅和贝加尔针茅。糙隐子草，洽草，羊茅与大针茅构成建群层片。具有代表性根茎禾草羊草，作为共建种能与大针茅形成群落。而旱生根茎苔草，如寸草苔和黄囊苔常在群落下层占优势地位。多年生杂草种类很多，多为旱生或中旱生类型，是大针茅草原中仅次于丛生禾草重要类群。可成为优势种的有线叶菊、麻花头、柴胡、草木樨状黄芪等。一二年生草本植物：一二年生草本植物出现很不稳定，其中狗尾草、黄蒿、灰绿藜等与人为干扰有关，也有草原固有物种，如钝叶瓦松、地蔷薇和长叶点地梅等。

（2）克氏针茅草原。克氏针茅也是亚洲中部草原亚区所特有的典型草原代表群系（图 2. 14）。它的分布中心主要是蒙古高原的典型草原地带，比大针茅分布范围广，往北往东一直扩及森林草原地带的边缘，往南往西直接和荒漠草原亚带相连。克氏针茅草原比大针茅草原具有更加旱生特点，在中国往西可进入内蒙古和新疆山区，蒙古国境内往西可到达杭爱山区。另外，往北可延伸到俄罗斯贝加尔地区。因此，克氏针茅草原可作为区分中温型森林草原亚带，以及荒漠草原亚带的重要标志。克氏针茅草原和大针茅草原相比其分布区热量较高，湿润度较低，属于温带但气候干旱。土壤大多为壤质，沙壤质或沙砾质栗钙土。与大针茅草原土壤相比腐殖质层及腐殖质含量有所减少，土壤钙化作用增强。在保护良好的典型草原中，大针茅作用明显大于克氏针茅，随放牧等人为活动的加剧，克氏针茅数量会大大超过大针茅而占据优势地位，甚至会发育成为纯度较高克氏针茅群落。克氏针茅旱生性比大针茅更强，但即使在轻度盐化的生境中也很难见到克氏针茅踪影，在对于土壤盐分的适应性上克氏针茅和大针茅的反应一致。

克氏针茅草原的种类组成比较简单，不及大针茅草原物种丰

图 2.14　蒙古国境内克氏针茅草原

富，在每平方米内出现种数在高平原地带为 10 种左右，而发育在低山丘陵的群落在 20 种上下。种属特征和大针茅草原相似。在克氏针茅草原旱生多年生丛生禾草占明显优势，是草原的建群种和优势种。群落中起建群作用的克氏针茅，其他优势种有糙隐子草、羊草、沙生冰草及小半灌木冷蒿。糙隐子草和冷蒿在群落中的作用明显而稳定，是组成群落基本层片。由小叶锦鸡儿等灌木组成的旱生灌木层片较为发达，灌丛化程度明显增强。一、二年生植物有猪毛菜、花旗竿等虽然在群落较为常见但不稳定。其他常见植物有燥原荠、冰草、变蒿、阿尔泰狗娃花、草芸香、麻花头、糙叶黄芪、细叶葱等植物。

（3）羊草草原。羊草草原是欧亚温带草原东部的特有群系（图 2.15），在本研究区内羊草草原主要分布于中国内蒙古乌珠穆沁地区，锡林郭勒南部丘陵地区。在蒙古国境内主要分布于蒙古国典型草原区西南，克鲁伦河流域以及东南地区。羊草草原生境类型十分多样，地形大多是开阔的平原或高原以及丘陵坡地等排水良好的地段，另外，在荒漠草原与典型草原交界沙地，以及某些河谷，滩地等湿地，盐碱化草地上也有羊草草原发育的特殊类型。中蒙典型草原区羊草草原的土壤主要是普通栗钙土，草甸化栗钙土、盐碱土和沙质栗钙土。其土壤质地多为轻质壤土，土壤通气状况良好。

图 2.15 蒙古国境内羊草草原

在中蒙典型草原带羊草草原一般不占具最典型的地带性生境，多数出现在径流水分较易补给的半地带性生境中，例如丘陵坡地的中下部，宽阔谷地及河流阶地等部位。羊草草原群落往往会与丘陵中上部的大针茅，克氏针茅草原等群落类型组合分布成完整系列。在羊草草原群落中，旱生丛生禾草层片常起优势作用，优势植物有旱生丛生禾草（大针茅、克氏针茅、洽草、糙隐子草等）；根茎禾草（狼尾草、无芒雀麦等）；耐盐性禾草（芨芨草、野大麦、星星草等）；苔草（寸草苔、日荫菅）；杂类草（阿尔泰狗娃花、柴胡、裂叶蒿、麻花头、碱蒿、直立黄芪、草木樨状黄芪、展枝唐松草、马莲等等）；半灌木（冷蒿、变蒿、百里香、达乌里虎枝子等）；灌木（小叶锦鸡儿等）。在每平方米内出现种数一般为 13 种左右。在中蒙典型草原带按羊草草原群落类型基本层片的性质不同，可分为四个不同亚群系：羊草-旱生草类草原；羊草-中生草类草原；羊草-盐生草类草原；羊草-旱生半灌木草原。第一类亚群系分布最广泛，是地带性特征最强的羊草草原。第二类是在湿度较高生境下形成的草甸化羊草草原。第三类是在盐碱化生境中发育羊草草原。第四类是羊草草原与土壤强烈扰动以及人为活动加剧有密切关系。

(4) 糙隐子草草原。糙隐子草是旱生丛生禾草，广泛分布于欧亚草原区。一般成为大针茅草原，克氏针茅草原和羊草草原的下层优势种。糙隐子草草原主要分布于蒙古高原典型草原地带，在中蒙典型草原带的放牧退化演替系列中，可形成糙隐子草占优势的次生小禾草草原。土壤为栗钙土，壤质地多为沙壤质或壤质，在砾石质及沙质土壤上也能生长。但从不见于盐碱土壤上，糙隐子草不能忍受盐渍化。中蒙典型草原带的糙隐子草草原优势植物有大针茅、克氏针茅、洽草、冰草、羊草、冷蒿等。也有小叶锦鸡儿等灌木，以及禾草中的早熟禾，苔草中的寸草苔等。在地带性生境上由于放牧影响，往往形成糙隐子草-羊草草原，糙隐子草-针茅草原等。以糙隐子草为优势的草原，多作为放牧场。糙隐子草生长矮小，不易作为割草地利用。但草质柔软，适口性好，属于营养价值较高的优质牧草。

图 2.16　蒙古国境内糙隐子草草原

（5）栽培植物。中蒙典型草原带内的农业生产属于一年一熟粮食作物及耐寒经济作物为主，种植小麦、马铃薯、莜麦、玉米、油菜、甜菜等农作物。

图 2.17　中蒙典型草原区油菜田

3 中蒙典型草原带气候变化事实分析

政府间气候变化专门委员会（IPCC）第四次评估报告指出，过去 100 年（1906—2005 年）全球平均地表温度上升了 0.74℃，最近 50 年的升温速率接近过去 100 年升温速率的两倍。气候变化和异常成为全球最严重的环境问题，国内外学者在气候变化研究和气候变化对陆地生态系统等影响方面的研究日益深入。根据世界气象组织（World Meteorological Organization）的报告，从有气象记录的 1850年以后，2001—2010 年的这十年间气候变得异常偏暖，全球地表和海面温度比 1961—1990 年的平均值 14℃ 升高 0.46℃。这十年间全球地表，海面，陆地气温都达到历史最高水平。全球气温从 1881—2010 年间每十年以 0.06℃ 速率上升，而从 1971 年以后每 10 年上升速率为 0.166℃。加拿大、非洲、格陵兰、亚洲、北非等所有的调查区域，在近十年内与 1961—1990 年平均气温相比较平均升高 1~3℃，在调查的 102 个国家中 90%以上，近十年气温最为温暖，其中 50%的国家在 2001—2010 年间出现有记录以来的最高气温。而在 1991—2000 年出现最高气温比例约占 20%，1991 年以前只有 10%左右。从 2001 年开始北大西洋的热带气旋最为活跃，在 2005 年在美国出现 5 级卡特里娜飓风导致 1 800人死亡。2008 年发生在缅甸最大自然灾害纳尔吉斯强热带风暴致使 7 万以上人员死亡。

中国近百年来年平均地面气温已明显增暖，升高幅度约

0.8℃，增温速率约为 0.08℃/10 年，与同期全球平均相当或略强。但是，20 世纪 80 年代初以来的增温似乎不比 20 世纪 30~40 年代明显，而 20 世纪 10—20 年代和 50—60 年代的变冷却比全球或北半球显著和全球平均一样，近 100 年的增温主要发生在冬季和春季，夏季却有微弱变凉趋势。近 54 年我国年平均地表气温升高 1.3℃，增温速率 0.25℃/10 年，明显高于全球或北半球同期平均水平。任国玉等根据气温观测资料获得的我国气候生长期也已明显增长，北方和青藏高原增长更明显。林学椿等指出我国 1951—1989 年的年平均气温呈上升趋势，最大增温在东北和华北地区，长江流域及西南地区的年平均气温不但没有上升反而下降。陈隆勋等认为，中华人民共和国成立以来，我国北纬 35°以北地区的年平均气温是变暖的，越往北变暖越明显，而北纬 35°以南和南岭以北地区是变冷区。因此，中国气温与全球气温变化在具体的变化过程和幅度上存在差异。刘宣飞等认为近 40 年，随着全球平均增温，中国气温也在变暖。年平均气温增暖明显的东北、新疆北部地区，若从全球大背景来看，它与欧亚大陆中北部的广大增暖区是连成一片，而西南地区的降温趋势则是局地现象。

本研究中的中国内蒙古地区位于蒙古高原南部，具有明显的温带大陆性气候特点。内蒙古气候的多样性和敏感性，及其对经济社会和环境可持续发展的影响，使许多学者关注该区域的气候和气候变化。尤莉等利用 1950—1999 年内蒙古 40 个气象站资料分析显示，近 50 年内蒙古气候明显变暖，表现为四季气温均在升高，并以冬季升温幅度最大。近 40 年全区大部地区降水量有增加趋势，且雨量较多的地区增幅也大。20 世纪 90 年代全区夏季降水变幅较前 30 年增大，旱涝灾害增加。丁晓华等认为全区气温在 20 世纪 60 年代及其以前呈下降趋势，70 年代开始升温，80 年代中期开始升温明显，50 年总体呈上升趋势。气温的这种明显升温趋势与目前温室气体的排放量、地球环境的日益恶化等诸多因素密不可分，从环流特征上表现与西太平洋副热带高压面积指数的变化相一致。而全区降水以年际变化为主，趋势变化不很明显，只是略有减少。侯琼等利用锡林浩特典型草原地区1961—2000年的温度、降水和蒸发量资料及锡林郭勒盟牧业气象试验站1982—2002年逐旬土壤水分观测资料，近40年气象资料和近20年的土壤水分观测资料，分析了内蒙古典型草原区气候变化趋势和对土壤水分变化的影响，得出内蒙古典型草原区近40年气候变化趋势与全球气候变化规律相似，影响土壤湿度的气象因子主要是降水和蒸发，温度通过影响蒸发而间接影响土壤湿度。气候变暖导致蒸发加剧，在降水增加不明显的条件下，加速了土壤干旱化程度。王永利等于1971—2000年锡林浩特市和阿巴嘎旗两个气象台站的平均温度和锡林郭勒盟境内16个气象站点的降水资料，结合地理信息系统技术，系统分析了气候变暖对典型草原区降水时空分布格局的影响。初步研究结果表明：气温变化过程和全球变暖的趋势相一致，特别是20世纪90年代气温上升变暖趋势最为强烈。在全球气候变暖的背景下，研究区的降雨量受东南季风的影响呈现由东南向西北递减的分布规律。但区域降雨存在明显的年代际变化特征，各区域降水变化差异显著，从东南到西北变化的幅度减小。30年来本研究区的降雨量变化表现出时间、空间上的不规则性，表明全球气候变化对草原区过去30年的降雨影响不显著，没有达到可识别的程度。因此，在蒙古高原南部中国内蒙古地区不同研究结果均表明在气温上升事实上趋于一致，而降水变动上结论不尽相同。蒙古国学者对蒙古的气候变化及其对农牧业生产的影响也作了比较详细的研究。位于蒙古高原北部的蒙古国属于典型的内陆国，全国平均气温约为0.8℃，各地年均气温变化幅度在-9.0~8.5℃。利用均匀分布于蒙国各地的48个野外气象台站数据分析，在过去70年间蒙古国年平均气温上升 2. 14℃，只有在 1990--2006 年的冬季的平均气温略有下降，而夏季温度有显著上升趋势。从 1975—2007 年间蒙古国西北部湖盆低地和东部草原区气温呈急剧上升倾向，分别上升 5℃和 8℃。1940 年以来有记录的最高气温在蒙古国 60 个气象台站中的 58 个台站出现于 1991 年之后。所以，在蒙古国各地均能看到年均气温整体呈上升趋势的现象，其中，西部和中部山地及森林草原区呈显著上升。蒙古国降水主要集中夏季，夏季占年降水量约 80%，冬季约占 20%。其中，50%~60%的雨水集中在 7—8 月间。蒙古国全境降水整体上呈减少趋势，与 1940 年相比年降水量平均减少约 7%。中部地区降水减少，而西南部和东南部略有增加。根据蒙古国气象台站记录对流气候是降雨的主导因素。伴随都市人口的增加及生产活动则是中部区气温上升及降水减少的重要原因。据推测蒙古国西部区降水递增可能与中部区蒸散有直接关系。只有东南部局部地区在降水增加和气温降低双重利好条件下土壤水分有所增加。蒙古高原气候变化是全球气候变化的一部分，即具有与全球气候变化的一致性，又有它的特殊性，即在全球变暖的大背景下，蒙古高原变暖速率高于全球水平，这可能与它的脆弱生态系统有关。

蒙古国和中国内蒙古自治区相毗邻，同属蒙古高原。近年来，两国的经贸来往和文化交流日益频繁，对共同研究两国面临的诸多环境问题提供契机。近 30 年来，在该地区已成为社会经济，环境科学以及草原生态学最为活跃的研究热点地区之一。但由于地域广大、人口密度低、边境阻隔等诸多原因，把蒙古高原作为一个独特的地理单元，比较其气候变化趋势研究较少。特别是中蒙草原核心区典型草原带的气象资料稀缺，观测站点稀少，站点地理分布不均匀，气象站点过于分散等原因，面积加权法或者空间插值法并不适用于整个中蒙草原区。为了较全面地了解过去几十年来中蒙草原核心区典型草原带的基本情况。本研究搜集了中蒙草原核心区典型草原带7个代表性气象站观测资料，通过对这些站点气象资料的分析，了解中蒙草原核心区典型草原带过去几十年来的气候变化特征。

3.1 资料和方法

(1) 站点选择。综合考虑气象台的地理分布，依照中国与蒙古国典型草原带分布走势，由东南至西北在典型草原带核心区选择具有代表性的典型气象台站：南段中国境内包括多伦、锡林浩特、东乌珠穆沁3个站；北段蒙古国境内包括巴彦德力格尔、西乌日图、温都尔汗3个站（图3.1）。6个气象台站的基本情况见表3.1。

表3.1 中蒙典型草原带气象台站的基本情况

站名	经度（E）	纬度（N）	海拔（m）	资料开始时间	资料结束时间	资料类型
多伦	116.48°	42.18°	1 308	1958.01	2013.12	气温，降水月值
锡林浩特	116.03°	43.57°	1 030	1958.01	2013.12	气温，降水月值
东乌珠穆沁	116.97°	45.53°	984	1958.01	2013.12	气温，降水月值
巴彦德力格尔	115.36°	45.90°	1 141	1970.01	2011.12	气温，降水月值
西乌日图	113.39°	46.81°	1 081	1970.01	2011.12	气温，降水月值
温都尔汗	110.71°	47.26°	1 031	1970.01	2011.12	气温，降水月值

(2) 资料与处理方法。本研究中所使用的气象资料分为两部分，国内站点的资料来源于内蒙古气象局气象信息中心发布的地面气候资料月值数据集。国外站点资料来源于蒙古国国家气候数据中心发布的月平均资料序列，两套资料都经过较严格的质量控制，本书不再作进一步处理。气候变化趋势分析采用线性趋势

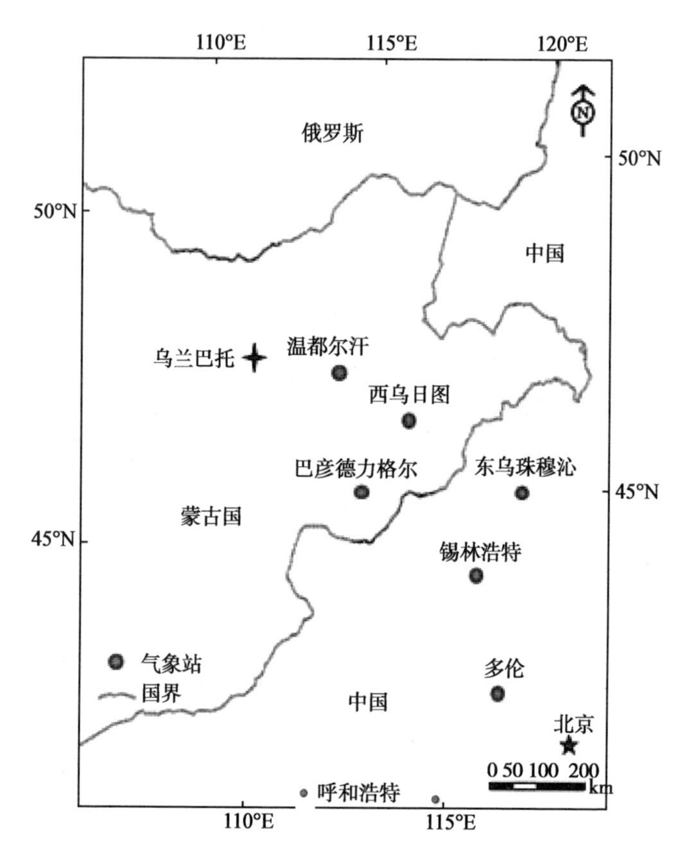

图 3.1　气象台站分布示意图

法，并对相关系数进行显著性检验。

3.2　中国与蒙古国典型草原带气温变化特征

表 3.2，图 3.2 为中蒙典型草原带 6 个气象台站的气温变化线性倾向。所有站点的气温都呈现上升趋势，但各站点的线性倾向率不尽相同，平均为 0.41℃/10 年。除最北端温都尔汗站外，

其他 5 个站都通过 0.05 的显著性检验。根据各站的线性倾向率，用算术平均计算中蒙典型草原带南段（中国境内）和北段（蒙古国境内）各站平均气温，南段和北段各站平均的升温速率分别为 0.35℃/10 年和 0.47℃/10 年。北段的升温速率高于南段，北段为南段的 1.34 倍（图 3.3）。从 10 年滑动平均曲线也可以看出各台站整体上都呈上升趋势，这与全球气候后变化表现一致（图 3.4）。从时间尺度看，中蒙典型草原带气温年代距平在波动中不断上升，位于南段的三个台站增温始于 20 世纪 90 年代初期，而北段三个台站增温从 90 年代后期开始，北段增温幅度高于南段，在北段的 2 个台站年代距平在个别年份大于 4℃（图 3.5）。

表 3.2　中蒙典型草原带各站气温变化的线性倾斜率

站名（南段）	线性倾斜率（℃/10 年）	站名（北段）	线性倾斜率（℃/10 年）
多伦	0.34	巴彦德力格尔	0.47
锡林浩特	0.33	西乌日图	0.61
东乌珠穆沁	0.37	温都尔汗	0.34
平均值	0.35	平均值	0.47

由于研究北段蒙古境内的 1970 年之前的资料缺测较多，所以气温年际变化仅计算 1970 年以来各年代各地段的平均气温变化。从图 3.6 可见，自 1970 年中蒙典型草原带的气温持续上升，19 世纪 70 年代至 20 世纪 00 年代 4 个年代的总体平均气温分别为 1.10℃、1.30℃、1.91℃和 2.58℃，20 世纪 00 年代的平均气温比 19 世纪 70 年代平均气温升高了 1.48℃，比 1970—2000 年平均值升高了 0.86℃。南段中国境内各台站 19 世纪 70 年代至 20 世纪 00 年代 4 个年代的总体平均气温分别为 1.71℃、1.95℃、2.69℃和 3.11℃，20 世纪 00 年代的平均气温比 19 世纪 70 年代平均气温升高了 1.40℃。北段蒙古国境内各台站

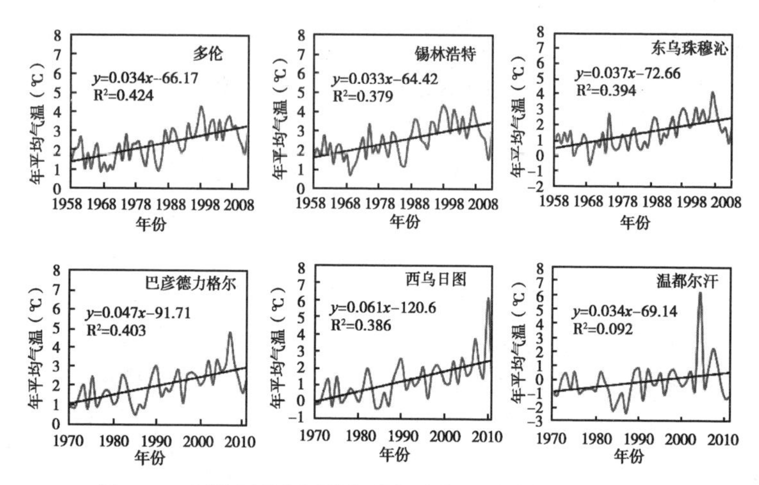

图 3.2　中蒙典型草原带各站年均气温的变化及线性趋势

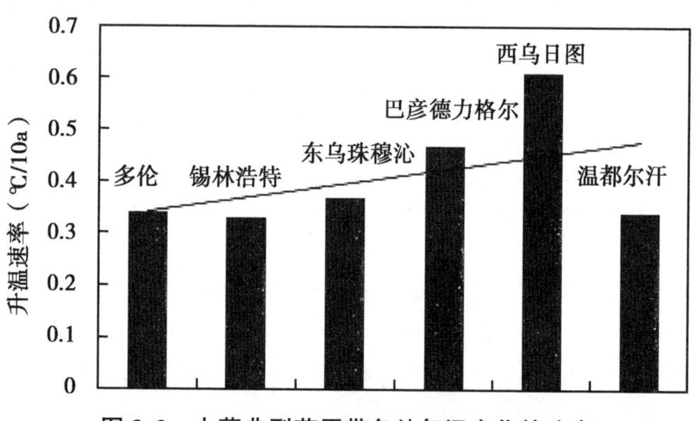

图 3.3　中蒙典型草原带各站气温变化的速率

1970—2000 年这 4 个年代的总体平均气温分别为 0. 48℃、0. 65℃、1. 12℃和 2. 06℃，20 世纪 00 年代的平均气温比 19 世纪 70 年代平均气温升高了 1. 58℃。南段各年代平均气温高于总体平均值，北段各年代平均气温低于总体平均值，但是无论南段还是北段 20 世纪 00 年代的平均气温和 19 世纪 70 年代平均气温相比其升

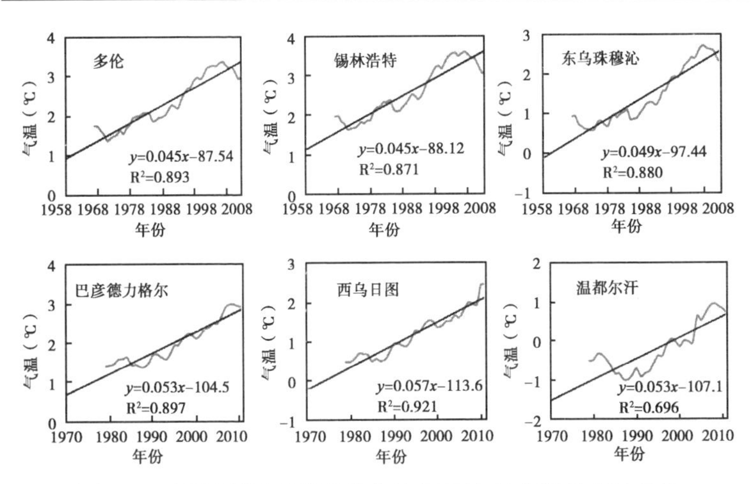

图 3.4　中蒙典型草原带各站年均气温的 10 年滑动平均曲线

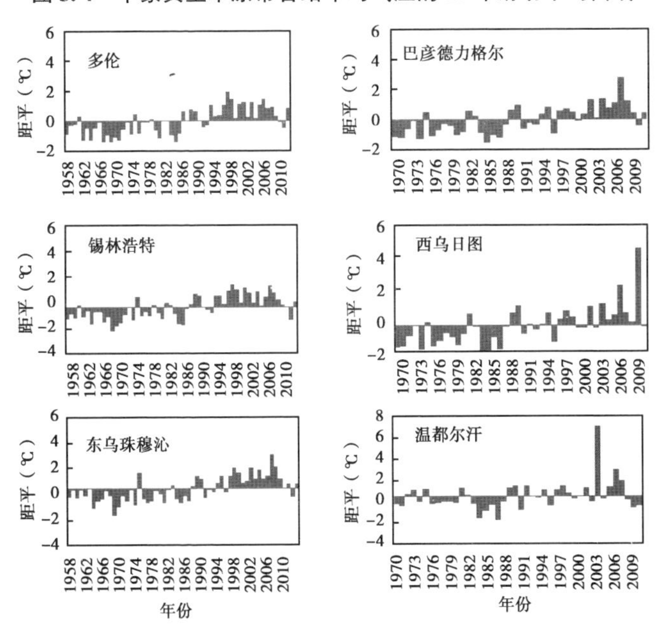

图 3.5　中蒙典型草原带各站各年代平均气温距平

高温度都要高于总体。中蒙典型草原带各地段气温变化率在19世纪80年代至19世纪90年代持续增大，19世纪70年代南段，北段和总体的升温速率分别为0.42℃/10年、-0.20℃/10年和0.11℃/10年，到19世纪80年代升温速率达到1.47℃/10年、0.80℃/10年和1.14℃/10年，到19世纪90年代升温速率持续递增1.62℃/10年、0.74℃/10年和1.18℃/10年，2000年升温速率有所放缓。比较1970年以来中蒙典型草原带不同地段年代际气温演化，可以看到，19世纪70年代为微弱降温，而19世纪80年代和19世纪90年代升温显著，20世纪00年代升温速率明显减缓。

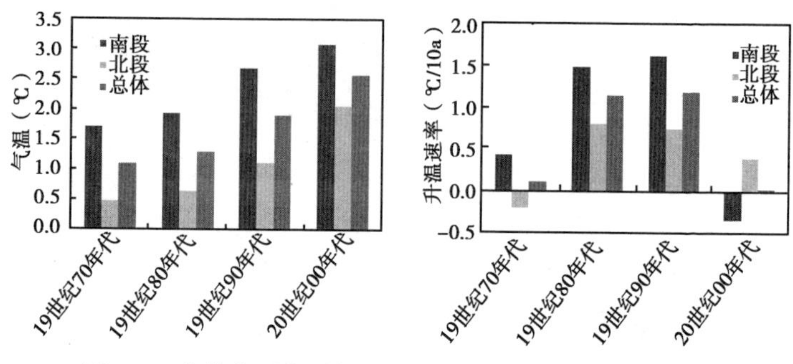

图3.6　中蒙典型草原带各站各年代平均气温及升温速率

3.3　中国与蒙古国典型草原带降水变化特征

从图3.7和图3.8可见，和中蒙典型草原带各站降水总体上呈减少趋势。6各站平均降水变化率分别为-0.54mm/年、-0.87mm/年、-0.40mm/年、-1.41mm/年、-0.35mm/年和-1.81mm/年，从各站点的变化情况看，降水变化率均为负值（图3.9）。进入2000年中后期各台站降水都低于平均水平（图3.10），不同年代内南段降水量要高于北段，中蒙典型草原带南段20世纪70年代降水略有增加，但80年代后年代降水变率都为负值，特别是在90年代有较大减少。而北段年代间的降水变率增减交替出现，90年代也有较大降低（图3.11）。

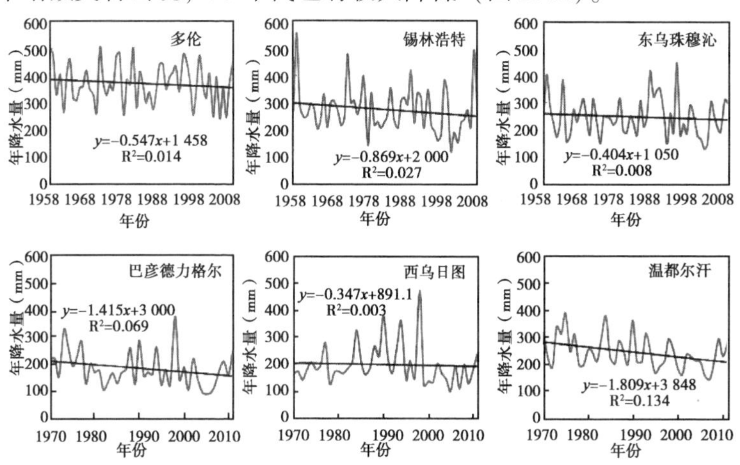

图3.7 中蒙典型草原带各站年降水量的变化及线性趋势

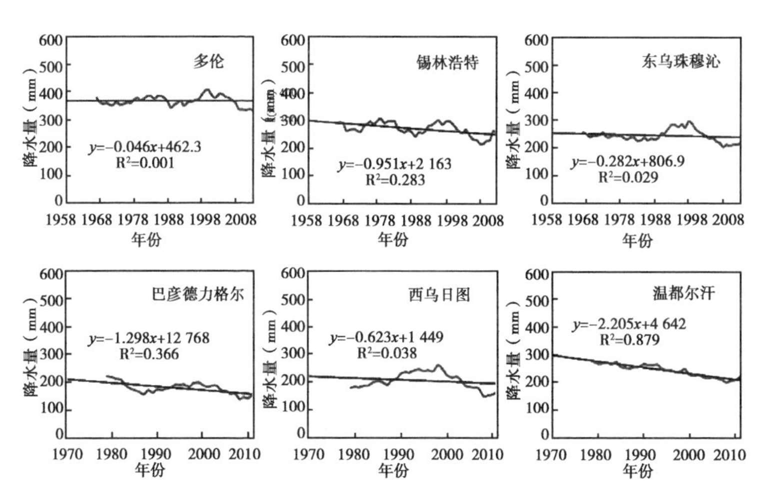

图3.8 中蒙典型草原带各站年降水量的10年滑动平均曲线

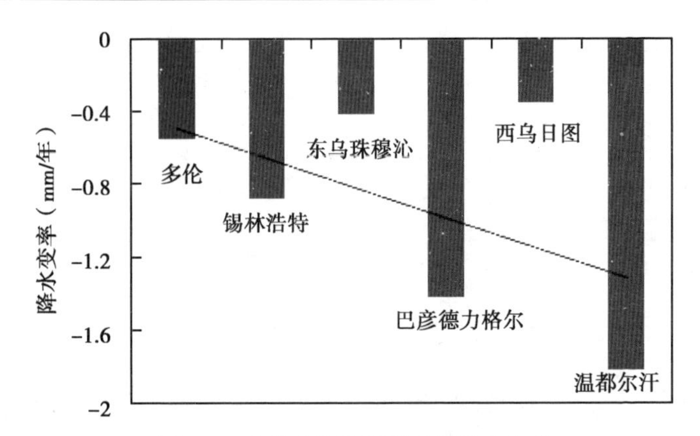

图 3.9　中蒙典型草原带各站降水变率

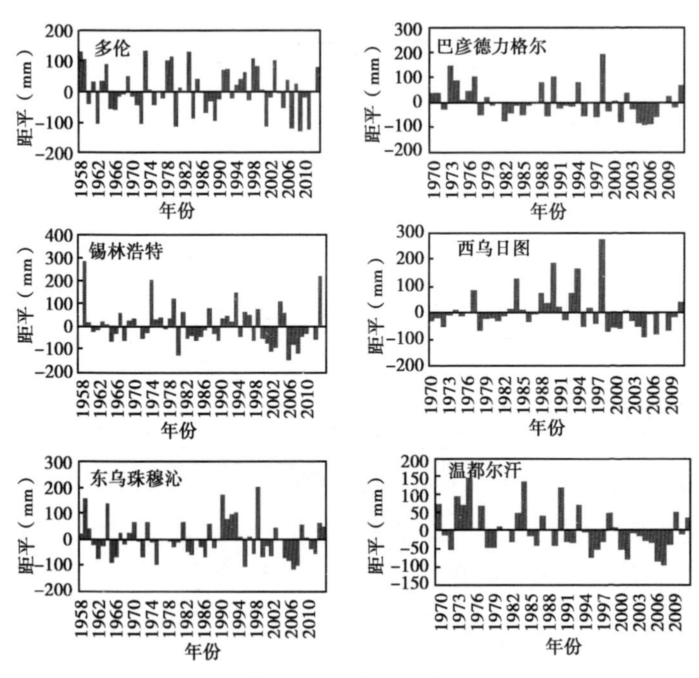

图 3.10　中蒙典型草原带各站各年代降水距平

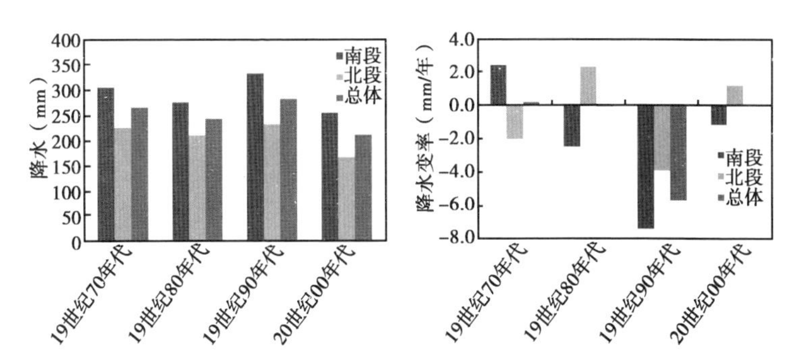

图 3.11 中蒙典型草原带各站各年代年平均降水量及降水变率

3.4 研究结果

中蒙典型草原带的气温在近几十年来呈现出一致的显著升高趋势，位于草原核心区的 6 个气象台站的平均气温 0.41℃/10 年，超过中国最近 50 年地表气温的增温速率。整个中蒙典型草原带近几十年来的升温率呈现出南低北高的状态。19 世纪 70 年代至 20 世纪 00 年代，各地气温普遍呈现出加速升温的趋势，其中 19 世纪 90 年代的升温速率达 1.62℃/10 年，为近 40 年来升温速率最大的 10 年，进入 21 世纪以来，各地气温仍然在升高，但升高速率有所减缓。中蒙典型草原带，南段及北段近几十年来降水呈减少趋势，但各段变化率都很小，所选 6 个气象站的降水变化率很小平均值 -1.41mm/年，因此，中蒙典型草原带，近几十年来降水在总体上没有明显变化趋势。19 世纪 70 年代至 20 世纪 00 年代中蒙典型草原带降水呈交替增减趋势，在 19 世纪 90 年代增加最显著，进入 21 世纪之后，整个中蒙典型草原带降水略呈减少趋势。中蒙典型草原带南段降水高于北段，但南北段均表现为减少趋势。

4 中蒙典型草原带土壤养分与环境因子关系

草原土壤广泛分布于欧洲、北美洲、亚洲和拉丁美洲等地。在中纬地带、高纬度和高海拔以及热带地区也有大面积分布。在欧洲集中于俄罗斯和乌克兰等国，在北美涉及美国和加拿大，亚洲主要分布于是中国和蒙古国；在南美分布于阿根廷和乌拉圭。非洲和大洋洲分布很少。根据联合国 FAO 的统计黑土、黑钙土和栗钙土分别为 190 万 km^2、230 万 km^2 和 465 万 km^2，共计 785 万 km^2。

中蒙典型草原带土壤分布于中国内蒙古中部地区，西部和荒漠草原带接壤，东北部大兴安岭东麓的森林草原带相邻，南部延伸到长城以北地区。而位于蒙古国的典型草原土壤主要分布于蒙古国东南部地区，由肯特山脉以南向东南部一直延伸到中蒙边境与中国北部典型草原连成一片，西北可延伸到杭爱山脉。中蒙典型草原带土壤属于欧亚大陆栗钙土带的东缘。栗钙土是中蒙典型草原的地带性土壤。气候为温带半干旱大陆性气候，夏季短而热，冬季长而寒冷，春季干旱而多风沙，夏季炎热多雨。降雨主要集中在夏季，年蒸发量大于降水量数倍。由于中蒙典型草原带降水稀少，土壤中的钙、镁离子不易被淋洗导致残留在土壤之中，所以，温带草原土壤呈碱性。另外，土壤母质中富含风沙沉积的黄土，黄土中钙含量高，随风化及降水发生移动向土壤下层积累，形成碳酸钙后在草原土壤下形成钙积层。黑钙土中也能看到钙积层，黑钙土中 A 层厚，颜色发黑，其腐殖质由钙复合体组成。典型草原土壤在国际土壤分类标准中（WRB：World Reference Base for Soil Resources）属于栗钙土，栗钙土和黑钙土一样不仅 A 层厚颜色深，土壤肥力很高。在黑钙土分布地带如果降水量偏少的地带，其土壤颜色也呈栗色，WRB 的土壤分类中称栗钙土。栗钙土的 A 层颜色呈褐色，厚度 10~30cm，对于草原来讲土壤 A 层的肥沃度就代表土壤生产力，是决定植物生长的重要环境因子之一。中蒙典型草原带土壤的主体部分是栗钙土，栗钙土是典型草原生态系统的基盘，土壤中富含氮、磷、钾等植物生长发育不可缺少的营养元素，草原土壤为草原植物提供了必需的元素。

基于土壤养分特殊功能，土壤有机质、氮、磷等养分往往成为草原生态系统的常见限制因子，也是土壤的物理、化学和生物性质的重要决定因子。在全球气候变暖以及区域间土地利用强度的不同等的大背景下，关于土壤碳、氮、磷等的研究成为近年来众多生态学家关注的重要内容。碳、氮、磷的含量和分布与草原生态系统功能的正常发挥有着直接的关系。然而，土壤碳、氮、磷在不同时空间尺度上可能具有不同的特征，因此，有必要进行长期的实验观测，以明确土壤理化特征的动态变化及其相应的驱动机制。因此，本研究从气候学，生态学及土壤学等角度对中蒙典型草原带土壤养分布格局及其对气候的响应进行研究，为中蒙典型草原带生态恢复和应对全球气候变暖提供理论依据。

4.1 研究方法

中国农业科学院草原研究所联合蒙古国草原管理学会、蒙古国国立畜牧科学院等研究机构，于 2012—2013 年对欧亚温带草原东缘的中蒙典型草原带进行了实地考察，考察路线从中国内蒙古锡林郭勒草原–蒙古国东部典型草原带，用全球定位系统确定采样地点，记录该点所属的植被类型及土地利用状况，在中蒙典型草原核心区共选定 45 个土壤调查点。其中，土壤调查样地选择典型的、同质的、有代表性的典型草原地段，用内径 5cm 直径土钻分 0~10~20~30~40~50cm 共 5 层依次取样，每个样方钻取 3 钻，然后将每个样方内同层土样均匀混合，装入布袋，风干后进行室内化学分析。本书主要分析了位于蒙古高原中蒙典型草原带核心区的 45 个调查点的数据。

土壤容重采用环刀法，土壤 pH 采用玻璃电极法，土壤有机碳的测定采用外加热重铬酸钾容量法，全氮测定用半微量凯氏法，全磷用钼锑抗比色法测定，土壤有效氮的测定采用碱解扩散法，土壤有效磷的测定采用 Olsen 法。

野外考察完成后，收集样带内 6 个气象站的平均温度与年降水量等气象资料；并借助 Excel 和 SAS8. 0 统计分析软件对数据进行统计分析，解析土壤 pH、有机质、有机碳、土壤全氮、土壤全磷、土壤有效磷等土壤理化指标与降水、温度之间的关系。

4.2　典型草原土壤剖面

调查样地土壤形态观测结果如下（图 4. 1），越往南部和西部土壤 A 层的颜色变浅，A 层的厚变薄，土壤构造的发育程度减弱。而典型草原区南部土壤中可以看到钙积层。调查样地的钙积层越往南部和西部越向土壤表层移动。

在南部的调查样地其土壤表面就含有大量的碳酸盐。表层土壤的有机碳和氮素含量北部样地最高，越往南部越低。这种现象与典型草原群落生物量有关，不同的植被类型供给土壤的碳含量差异导致了上述的结果。

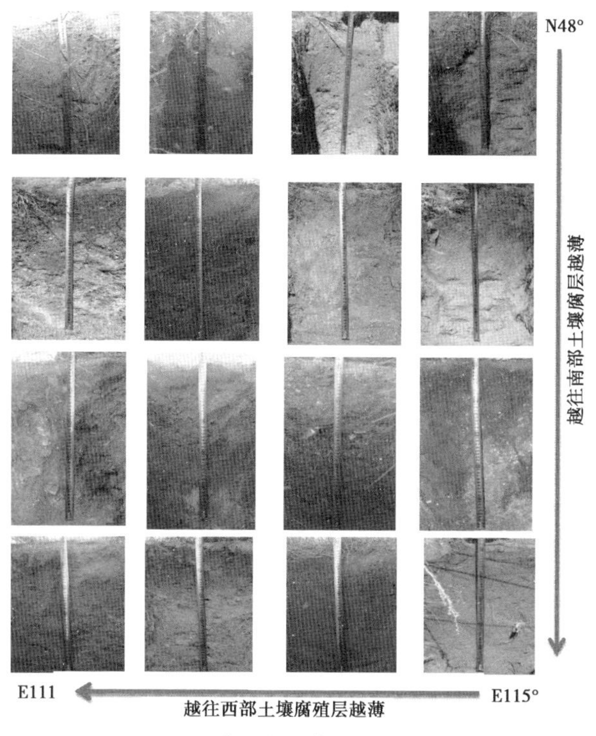

图 4.1 典型草原带土壤剖面结构

年均温度高的南部典型草原调查样地其土壤 pH 上升趋势，有机质，有机碳含量呈下降趋势。碳酸盐积累层位于土壤中分布的深度取决于温度和降水。各样地在不同环境因子的影响下，土壤剖面结构都表现出不同程度的差异。

4.3 中蒙典型草原带土壤 pH 与环境因子关系

土壤酸碱度是土壤重要的基本性质之一，也是土壤形成过程重要指标之一。土壤酸碱度对土壤养分的形态和有效性，以及土壤微生物活动和植物生长都具有重要作用。

（1）土壤 pH 分布和纬度的关系。中蒙典型草原带土壤 pH 的空间分布及其变化结果如图 4.2 所示，总体来看，中蒙典型草原带土壤 pH 沿纬度升高整体呈现由南向高北的递减趋势，0～10cm、10～20cm、20～30cm 土壤 pH 与纬度之间有极显著的负相关，随纬度的升高土壤酸碱度由碱性向中性递变趋势，土壤 pH 随土壤深度的增加呈显著的递增趋势。中国与蒙古国各层土壤 pH 平均值存在差别，其中 0～10cm、10～20cm、20～30cm 三层土壤 pH，中国的显著高于蒙古国，30～40cm、40～50cm 两层土壤 pH，中国与蒙古国之间无显著差异。中蒙典型草原带各样地土壤各层 pH 平均值分别为 7.15±0.63，7.69±0.58，7.82±0.72，8.06±0.70，8.28±0.64。南部中国各样地不同土层 pH 平均值分别为 7.78±0.32，7.92±0.28，8.03±0.40，8.19±0.42，8.28±0.42。北部蒙古国各样地不同土层 pH 平均值分别为 6.97±

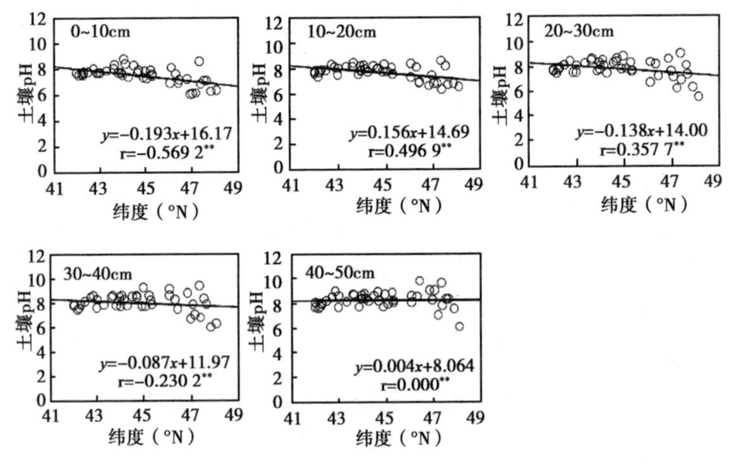

图 4.2　土壤 pH 沿纬度梯度的分布

0.74，7.23±0.75，7.37±1.01，7.79±1.06，8.29±0.98（图4.5）。

（2）土壤pH和年均气温的关系。中蒙典型草原带土壤pH随年均气温升高呈递增趋势，0~10cm、10~20cm、20~30cm土壤pH与年均气温之间有极显著的正相关，相关系数分别为：r=0.554 9**、0.549 5**、0.431 2**，30~40cm土壤pH与年均气温之间也具有显著相关性，相关系数为r=0.352 1*，40~50cm深处的土层pH与年均气温无显著的相关关系（图4.3）。年均气温升高土壤酸碱度也会随之增大。

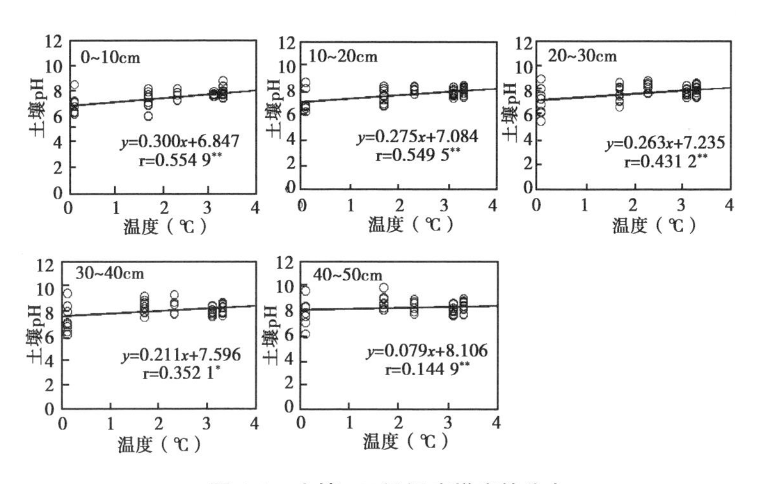

图4.3　土壤pH沿温度梯度的分布

（3）土壤pH和年降水量的关系。如图4.4所示，中蒙典型草原带土壤表层0~10cm的pH和年均降水之间具有显著的正相关，相关系数为r=0.353 5*，其他各土层（10~20cm、20~30cm、30~40cm、40~50cm）土壤pH与年降水量之间均无显著的相关关系。

（4）土壤pH和年均温度及年降水量的回归分析。对中蒙典

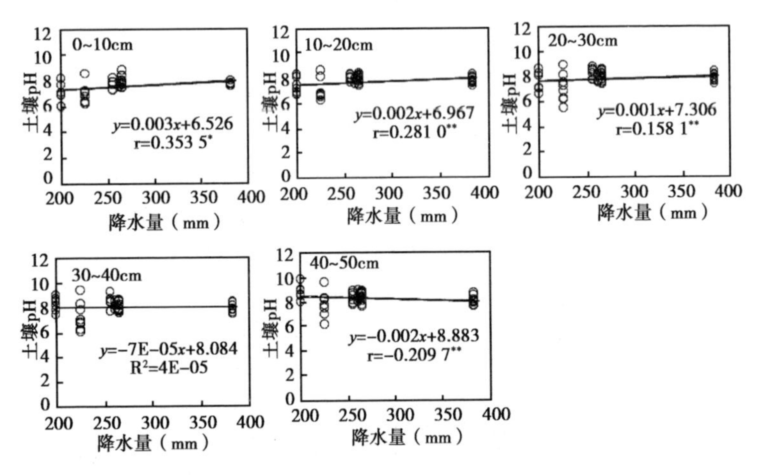

图 4.4　土壤 pH 沿降水梯度的分布

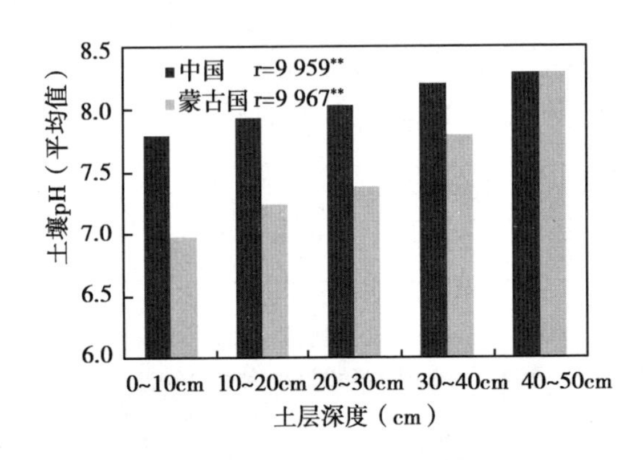

图 4.5　各样地土壤 pH 平均值沿土层深度变化

型草原带土壤各土层土壤酸碱度（pH）与年均温（t），降水量（p）之间的回归方程为：

$$\mathrm{pH}=6.758\,17+0.286\,64t+0.000\,44p,$$

$$R=0.309\,5;\ (0\sim10\text{cm}),\ p<0.001 \qquad 式（4.1）$$

$$\text{pH}=7.204\,45+0.293\,65t-0.001\,50p,$$

$$R=0.304\,7;\ (10\sim20\text{cm}),\ p<0.001 \qquad 式（4.2）$$

$$\text{pH}=7.482\,41+0.262\,29t-0.000\,90p,$$

$$R=0.152\,4;\ (20\sim30\text{cm}),\ p>0.050 \qquad 式（4.3）$$

$$\text{pH}=8.182\,71+0.224\,31t-0.002\,26p,$$

$$R=0.092\,2;\ (30\sim40\text{cm}),\ p>0.050 \qquad 式（4.4）$$

$$\text{pH}=9.005\,41+0.185\,09t-0.004\,16p,$$

$$R=0.115\,1;\ (40\sim50\text{cm}),\ p>0.050 \qquad 式（4.5）$$

根据方差分析结果表明，表层土壤的 pH 与年降水量和年均温度之间的回归效果极显著，20cm 以下土壤 pH 与年降水量和年均温度之间的回归效果不显著。在回归方程式（4.1）和式（4.2）中，年均温度的 t 统计量的 P 值分别为 0.001 741 和 0.000 642，小于显著性水平 0.05，因此，该两项的自变量年均温度与土壤 pH 相关。这说明温度是影响土壤 pH 的主要环境因子。

4.4 中蒙典型草原带土壤有机质及有机碳与环境因子关系

土壤有机质由一系列存在于土壤中组成和结构不均一、主要成分为碳和氮的有机化合物组成。土壤有机质是陆地生态系统中植物速效养分的来源，植物吸收的大部分氮、磷等元素来源于土壤有机质的矿化。土壤有机质含量极易受环境条件和土地利用方式的影响。气候和地貌在较大范围内影响着土壤有机质含量，可以说起主导作用。土壤中以有机质形式存在的碳是大气中的 3 倍，土壤中有机质的分解将在极大程度上影响大气二氧化碳浓度，与全球气温上升有直接关系。气候对土壤有机碳的影响主要是通过影响植被而起作用的。母质通过影响土壤的通气性、透水性甚至土壤温度，影响土壤中有机物的腐殖化过程。在其他因素稳定的情况下，土壤从形成的那一刻起，有机碳数量逐渐增加，并最终达到一个平衡值。土壤有机碳的积累在头几年很迅速，以后逐渐变慢，并最终达到平衡。因此，土壤中的有机质动态不仅影响草地生态系统功能和草原可持续发展，也影响全球气候变化演变。

本研究通过对中蒙典型草原带土壤进行实地调查，采集土壤样本进行理化分析，分析该地区土壤有机质及有机碳含量的空间分布特征以及温度和降水间的相关性。为中蒙典型草原在全球气候变化背景下土壤质量和生态环境现状研究提供基础资料。

（1）土壤有机质和纬度的关系。中蒙典型草原带土壤有机质含量分析表明，沿着纬度逐渐升高，土壤有机质含量呈递增的趋势，各调查样地土壤各层（0～10cm、10～20cm、20～30cm、30～40cm、40～50cm）有机质与纬度之间有极显著的正相关（$P<0.01$）。随土壤深度的增加各土层土壤有机质呈显著递减，位于中蒙典型草原带北部的蒙古国土壤有机质显著高于中国内蒙古地区（$P<0.01$）（图 4.6）。中蒙典型草原带各样地不同土层有机质含量平均值分别为（23.71±9.33）g/kg，（19.93±7.66）g/kg，（16.24±7.06）g/kg，（13.84±6.27）g/kg，（10.61±5.23）g/kg。中蒙典型草原带南部中国各样地不同土层有机质含量平均值分别为（21.43±9.42）g/kg，（18.45±7.74）g/kg，（14.06±7.14）g/kg，（12.18±6.34）g/kg，（9.30±5.29）g/kg。中蒙典型草原带北部蒙古国各样地不同土层有机质含量平均值分别为（30.06±8.09）g/kg，（24.52±7.68）g/kg，（21.84±7.30）g/kg，（18.15±6.13）g/kg，（13.89±5.41）g/kg（图 4.9）。

（2）土壤有机质和年均温度的关系。中蒙典型草原带土壤

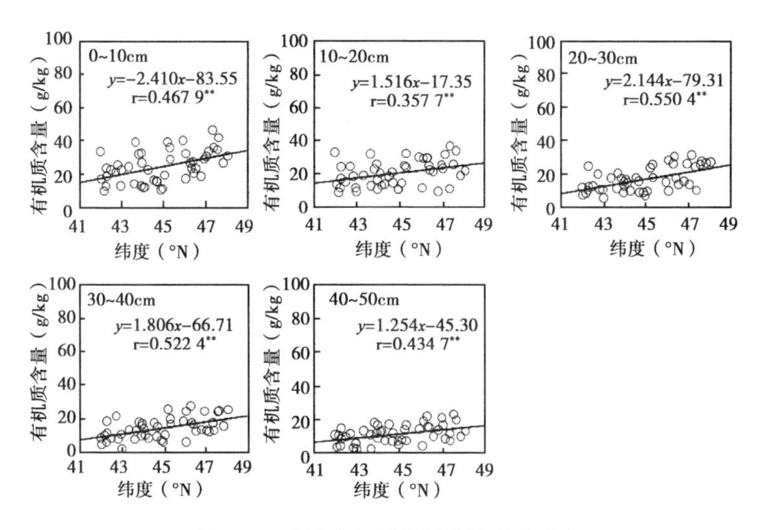

图 4.6 土壤有机质沿纬度梯度的分布

有机质含量，随年均气温升高，土壤有机质含量呈递减的趋势，各调查样地土壤各层（0～10cm、10～20cm、20～30cm、30～40cm、40～50cm）有机质与年均气温之间有显著的负相关。在年均温度相对较高的地带土壤有机质含量相对较低（图 4.7）。

（3）土壤有机质和年降水量的关系。中蒙典型草原带土壤有机质含量，随年均降水逐渐升高，土壤有机质含量呈递减的趋势，各调查样地土壤各层（0～10cm、10～20cm、20～30cm、30～40cm、40～50cm）有机质与年均降水之间有显著的负相关。在年均降水相对较高的地带土壤有机质含量相对较低（图 4.8）。

（4）土壤有机质和年均温度及年降水量的回归分析。对中蒙典型草原带各土层土壤有机质（*SOM*）与年均温（*t*），降水量（*p*）之间的回归方程为：

$$SOM=33.218\,44-4.285\,69t+0.002\,82p,$$
$$R=0.254\,6;\ (0\sim10\text{cm}),\ p<0.01 \qquad \text{式}(4.6)$$

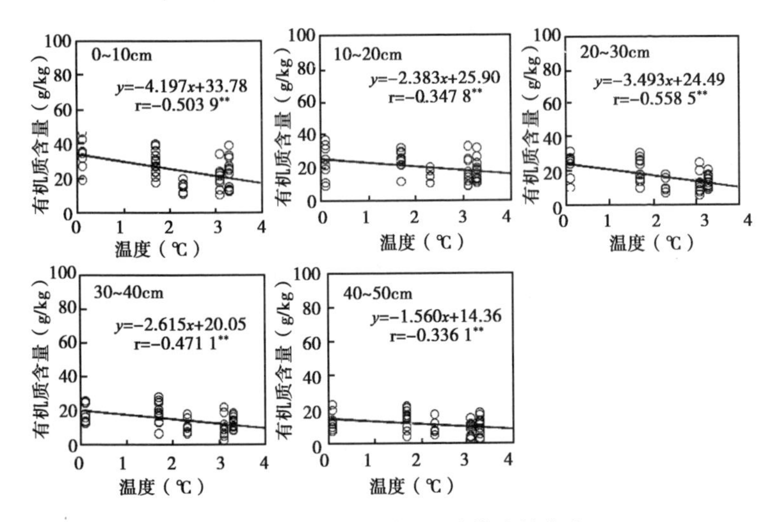

图 4.7　土壤有机质沿温度梯度的分布

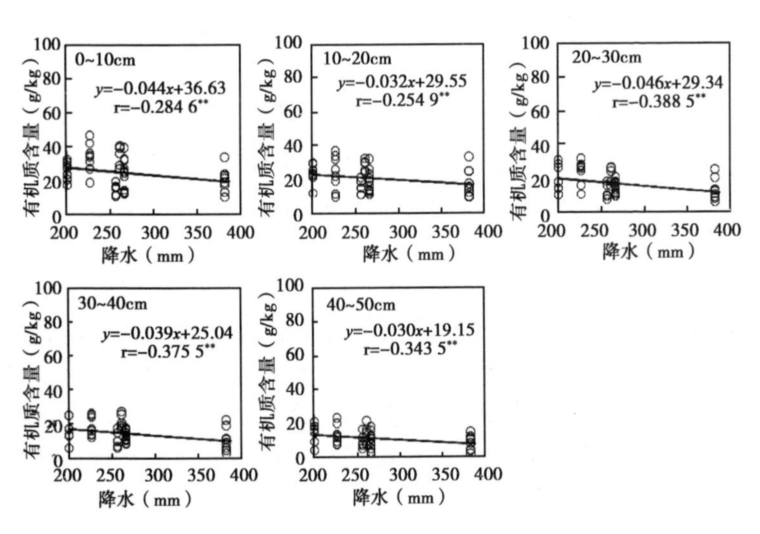

图 4.8　土壤有机质沿降水梯度的分布

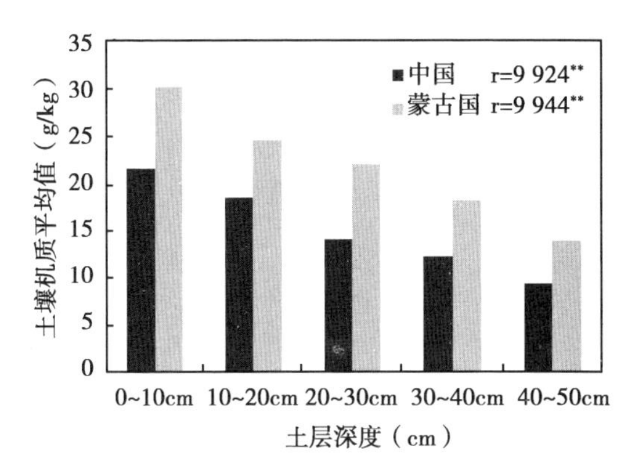

图 4.9　各样地土壤有机质平均值沿土层深度变化

$SOM = 27.90463 - 2.07032t - 0.00999p$,
$R = 0.1255$；（10~20cm），$p<0.05$　　式（4.7）

$SOM = 26.70697 - 3.15617t - 0.01091p$,
$R = 0.3180$；（20~30cm），$p<0.01$　　式（4.8）

$SOM = 23.26930 - 0.12497t - 0.01588p$,
$R = 0.2372$；（30~40cm），$p<0.01$　　式（4.9）

$SOM = 18.35590 - 0.95273t - 0.01968p$,
$R = 0.1465$；（40~50cm），$p<0.05$　　式（4.10）

根据方差分析结果表明，各个土层的土壤有机质含量与年降水量和年均温度之间的回归效果显著。在回归方程式（4.6）、式（4.8）和式（4.9）中，年均温度的 t 统计量的 P 值分别为 0.002 275、0.002 017 和 0.023 069，远小于显著性水平 0.05，因此，该两项的自变量年均温度与土壤有机质相关。这说明温度是影响土壤有机质的主要限制因子，除去 0~10cm 土层外，降水量和温度对土壤有机质具有负交互作用。

（5）土壤有机碳和纬度的关系。中蒙典型草原带土壤有机碳的变化趋势和有机质基本一致。随纬度的升高土壤有机碳呈递增的趋势，各土层土壤有机碳含量和纬度之间有显著的正相关（$P<0.01$）。随土壤深度的增加各样地不同土层土壤有机碳含量呈显著递减趋势，蒙古国各样地各土层土壤有机碳平均值显著高于中国内蒙古地区（$P<0.01$）。中蒙典型草原带各样地不同土层有机碳含量平均值分别为（14.21±5.42）g/kg，（11.95±4.63）g/kg，（9.79±4.14）g/kg，（8.32±3.67）g/kg，（6.36±3.06）g/kg。中蒙典型草原带南部中国各样地不同土层有机碳含量平均值分别为（12.27±4.93）g/kg，（10.70±4.03）g/kg，（8.16±3.21）g/kg，（7.07±3.16）g/kg，（5.40±2.62）g/kg。中蒙典型草原带北部蒙古各样地不同土层有机碳含量平均值分别为（17.44±4.68）g/kg，（14.02±4.92）g/kg，（12.67±4.24）g/kg，（10.53±3.56）g/kg，（8.06±3.14）g/kg（图 4.10～图 4.13）。

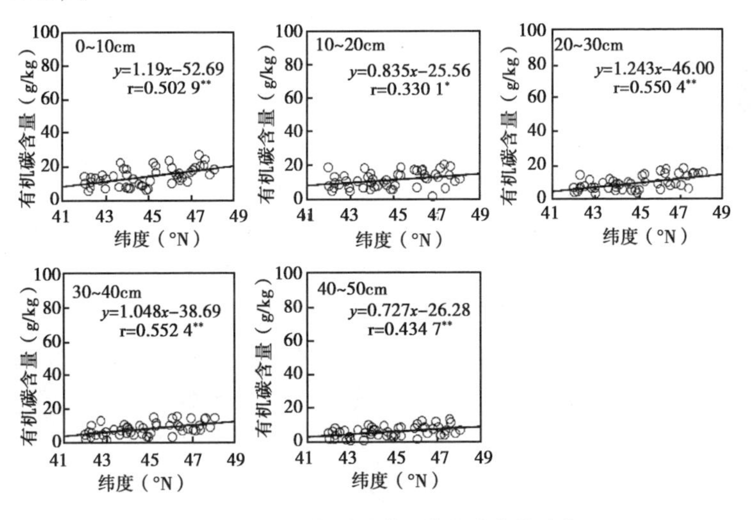

图 4.10　土壤有机碳沿纬度梯度的分布

（6）土壤有机碳和年均温度的关系。中蒙典型草原带土壤有机碳的含量，随年均温度的升高土壤有机碳呈递减的趋势，各土层土壤有机碳含量和年均温度之间有显著的负相关。在年均温度相对较高的地带土壤有机碳含量相对较低（图 4.11）。

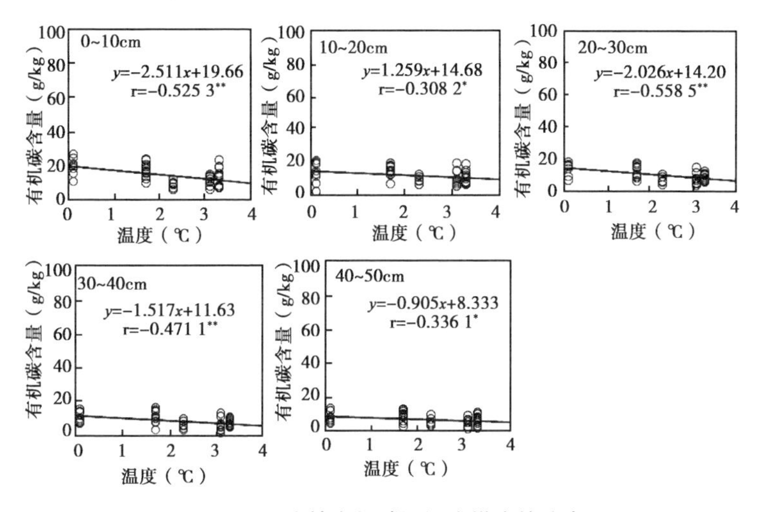

图 4.11　土壤有机碳沿温度梯度的分布

（7）土壤有机碳和年降水量的关系。中蒙典型草原带土壤有机碳的含量，随年均降水的升高土壤有机碳呈递减的趋势，各土层土壤有机碳含量和年降水量之间有显著的负相关。在年均降水相对较高的地带土壤有机碳含量相对较低（图 4.12）。

（8）土壤有机碳和年均温度及年降水量的回归分析。对中蒙典型草原带各土层土壤有机碳（SOC）与年均温（t），降水量（p）之间的回归方程为：

$$SOC=20.0957-2.44351t-0.00217p,$$

$$R=0.2764;\ (0\sim10\text{cm}),\ p<0.001 \qquad \text{式}(4.11)$$

$$SOC=15.98769-1.05570t-0.00651p,$$

$$R=0.0998;\ (10\sim20\text{cm}),\ p>0.05 \qquad \text{式}(4.12)$$

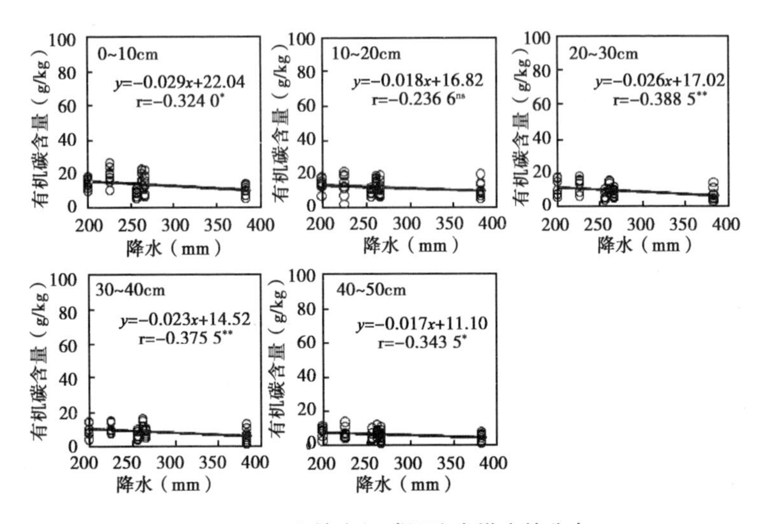

图 4.12　土壤有机碳沿降水梯度的分布

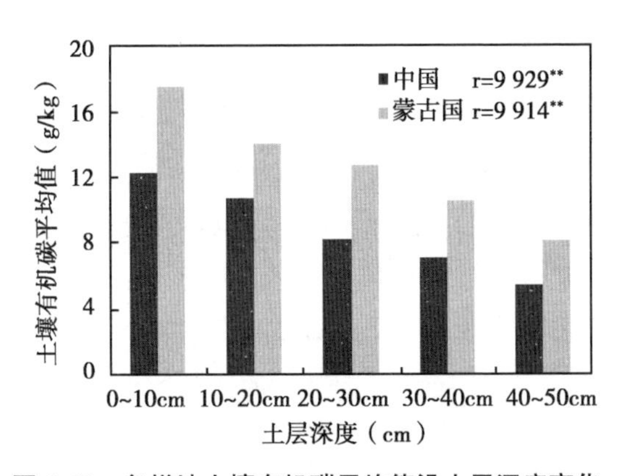

图 4.13　各样地土壤有机碳平均值沿土层深度变化

$$SOC = 15.49128 - 1.83072t - 0.00633p,$$

$$R = 0.3180;\ (20\sim30\text{cm}),\ p<0.001 \qquad \text{式（4.13）}$$

$$SOC = 13.49727 - 1.23258t - 0.00921p,$$

$R=0.2372$；（30~40cm），$p<0.01$　　式（4.14）

$SOC=10.64728-0.55263t-0.01142p$，

$R=0.1465$；（40~50cm），$p<0.05$　　式（4.15）

根据方差分析结果表明，除去10~20cm土层，其他各个土层的土壤有机碳含量与年降水量和年均温度之间的回归效果显著。在回归方程式（4.11）、式（4.13）和式（4.14）中，年均温度的 t 统计量的 P 值分别为0.023 069、0.002 017和0.023 069，远小于显著性水平0.05，因此，该自变量年均温度与土壤有机碳相关。这说明温度是影响土壤有机碳的主要限制因子，而降水量和温度对土壤有机碳具有负交互作用。

4.5 中蒙典型草原带土壤全氮与环境因子关系

氮素是构成一切生命体的重要元素。在陆地生态系统中氮素以不同形态存在于大气圈、岩石圈、生物圈和水圈，并在各圈层之间相互转换。在自然生态系统中，土壤氮主要来自于生物固氮和随降水进入土壤中，陆地土壤中氮储量为 $3.5\times10^{4}\sim5.5\times10^{14}$ kg，且95%以上以有机氮形式存在，土壤中氮素由于植物生长、微生物活动、人为干扰及气候条件改变等而发生转化。土壤全氮是大气圈中含量最丰富的元素，但也是陆地生态系统植物生产力的限制元素之一。在漫长的成土过程中，土壤氮形成了特定生态条件下的平衡。自然土壤被开垦后，土壤氮含量下降，并建立新的平衡。因此，研究土壤中氮素的分布及其对气候变化的响应对于正确理解中蒙典型草原土壤氮素区域变化及其对全球变化效应与反馈具有重要意义。本研究以温度为驱动因子的中蒙典型草原为平台，依据土壤样品的实测数据，探讨土壤全氮的分布格局及其对气候变化的响应。

（1）土壤全氮和纬度的关系。中蒙典型草原带土壤全氮含量分析表明，中蒙典型草原带各样地表层土壤（0~10cm、10~20cm）和深层土壤（40~50cm）全氮含量与纬度之间无显著的相关性，而20~30cm、30~40cm土层中的土壤全氮含量随纬度的升高呈显著的递增趋势（$P<0.05$）。随土壤深度的增加各样地不同土层土壤全氮含量呈显著递减趋势，中国内蒙古典型草原区土壤全氮含量递减更为明显，除深层土（40~50cm）外，蒙古国东部典型草原区土壤全氮含量显著高于中国内蒙古典型草原区（$P<0.05$）。土壤各层中蒙典型草原带各样地不同土层全氮含量平均值分别为（1.34±0.61）g/kg，（1.12±0.45）g/kg，（1.05±0.45）g/kg，（0.85±0.36）g/kg，（0.66±0.31）g/kg。中蒙典型草原带南部中国各样地不同土层全氮含量平均值分别为（1.24±0.56）g/kg，（1.01±0.33）g/kg，（0.92±0.76）g/kg，（0.76±0.32）g/kg，（0.65±0.47）g/kg。中蒙典型草原带北部蒙古各样地不同土层全氮含量平均值分别为（1.53±0.68）g/kg，（1.31±0.58）g/kg，（1.50±0.94）g/kg，（1.22±0.83）g/kg，（0.80±0.35）g/kg（图4.14~图4.17）。

（2）土壤全氮和温度的关系。中蒙典型草原带土壤全氮的含量，随年均温度的升高土壤表层（0~10cm）和（20~30cm）全氮呈递减趋势，0~10cm和20~30cm土层土壤全氮含量和年均温度之间有显著的负相关。在年均温度相对较高的地带土壤表层的全氮含量相对较低。

（3）土壤全氮和降水的关系。中蒙典型草原带土壤全氮的含量，随年降水量的升高土壤表层0~10cm、10~20cm及20~30cm全氮和年均降水之间无显著的相关性。其中30~40cm土层土壤全氮含量和年均降水之间有显著的负相关。

（4）土壤全氮和年均温度及年降水量的回归分析。对中蒙典型草原带各土层土壤全氮含量（*STN*）与年均温（t），降水量（p）之间的回归方程为：

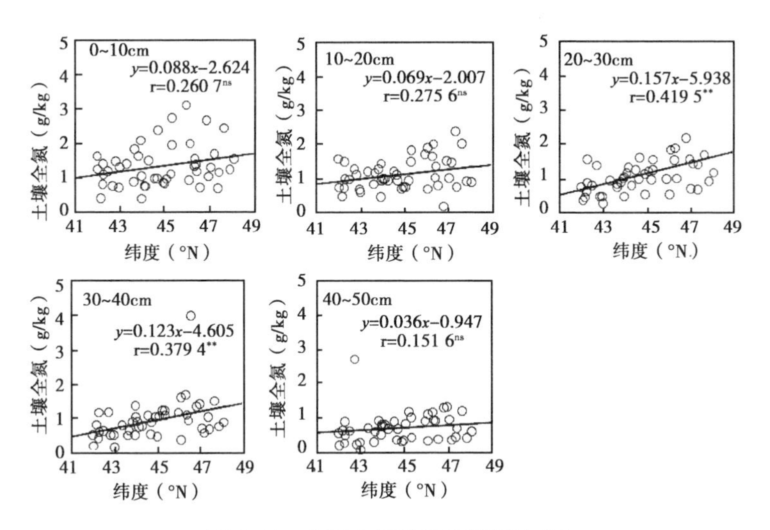

图 4.14　土壤全氮沿纬度梯度的分布

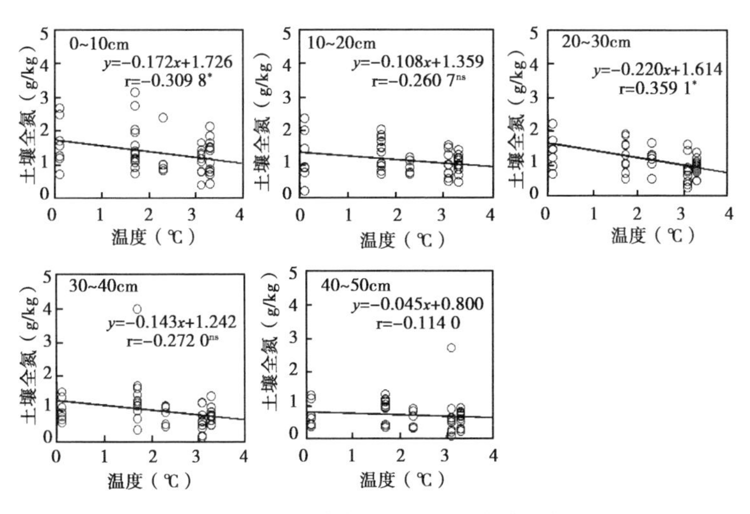

图 4.15　土壤全氮沿温度梯度的分布

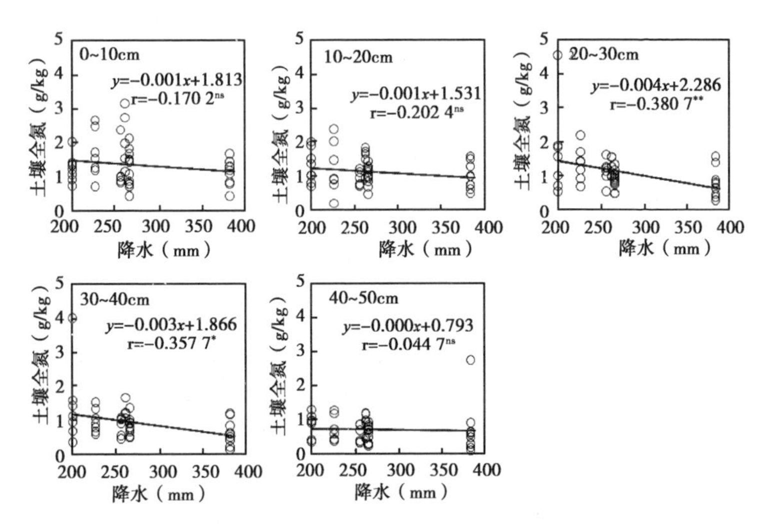

图 4.16　土壤全氮沿降水梯度的分布

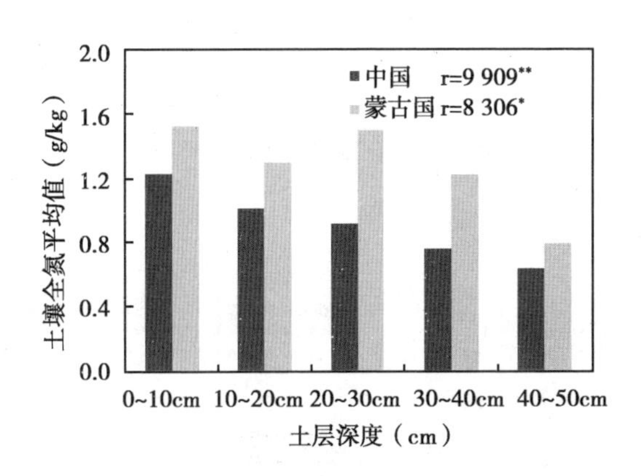

图 4.17　各样地土壤全氮平均值沿土层深度变化

$$STN=1.69833-0.17702t+0.0001p,$$

$$R=0.0966;\ (0\sim10\text{cm}),\ p>0.05 \qquad \text{式 (4.16)}$$

$$STN = 1.47264 - 0.08951t - 0.0005p,$$
$$R = 0.07187;\ (10\sim20\text{cm}),\ p > 0.05 \qquad \text{式 (4.17)}$$
$$STN = 2.19878 - 0.12771t - 0.00292p,$$
$$R = 0.1740;\ (20\sim30\text{cm}),\ p < 0.05 \qquad \text{式 (4.18)}$$
$$STN = 1.83177 - 0.05041t - 0.00294p,$$
$$R = 0.1345;\ (30\sim40\text{cm}),\ p < 0.05 \qquad \text{式 (4.19)}$$
$$STN = 0.75847 - 0.05173t - 0.0002p,$$
$$R = 0.0136;\ (40\sim50\text{cm}),\ p > 0.05 \qquad \text{式 (4.20)}$$

根据方差分析结果表明，20~30cm，30~40cm 土层的土壤全氮含量与年降水量和年均温度之间的回归效果显著。在各回归方程中年均温度和年降水量的 t 统计量的 P 值均大于 0.05。出 0~10cm 土层除外，降水量和温度对土壤全氮含量具有负交互作用。

4.6 中蒙典型草原带土壤磷元素与环境因子关系

在草原生态系统中磷是最重要的化学元素之一，其分布和储量对草原生态系统功能的正常发挥有重要作用，自然土壤中大多数来自母岩矿物。在漫长的土壤形成过程中，植被吸收土壤中的无机磷形成有机磷，并通过其残体归还于土壤。因此，自然土壤中有机磷含量常高于无机磷含量。土壤养分直接决定地上有机体生长、植被群落结构、生产力水平和生态系统的稳定性，其中土壤磷是植物生长发育所必需的矿质元素和主要限制性元素，磷元素的分布不仅对生态系统养分元素的循环，而且会影响生态系统碳的循环和蓄积。因此，土壤养分可作为反映土壤内部养分循环和对植物养分供应状况的指标，以研究生态过程对全球气候变化的响应。从较大尺度上研究土壤磷元素及其空间变异特征，将为进行全球变化背景下土壤—植被区域响应研究提供一定的理论依据。

本研究通过对中蒙典型草原带土壤磷元素的研究，探讨了土壤磷元素随温度、降水和纬度的变化特征与变异性，讨论土壤磷元素空间分异的主要影响因素，以期在较大尺度上揭示土壤磷的空间变异特征，从而为研究不同地理分布区的典型草原生态系统中磷元素空间分异，及其对全球变化响应提供依据。

（1）土壤全磷和纬度的关系。中蒙典型草原带土壤全磷含量分析表明，中蒙典型草原带各层土壤全磷含量随纬度变化不显著，沿纬度升高呈微弱降低趋势。随土壤深度的增加各样地不同土层土壤全磷氮含量无显著变化，中蒙典型草原带各调查样地土壤全磷含量均值蒙古国与中国内蒙古地区之间无显著差异。中蒙典型草原带各样地不同土层全磷含量平均值分别为（0. 24±0. 13）g/kg，（0. 27±0. 19）g/kg，（0. 22±0. 11）g/kg，（0. 24±0. 29）g/kg，（0. 27±0. 33）g/kg。中蒙典型草原带南部中国各样地不同土层全磷含量平均值分别为（0. 26±0. 11）g/kg，（0. 28±0. 20）g/kg，（0. 22±0. 09）g/kg，（0. 28±0. 35）g/kg，（0. 31±0. 40）g/kg，中蒙典型草原带北部蒙古各样地不同土层全磷含量平均值分别为（0. 22±0. 17）g/kg，（0. 25±0. 18）g/kg，（0. 23±0. 16）g/kg，（0. 19±0. 20）g/kg，（0. 21±0. 16）g/kg（图 4. 18~图 4. 21）。

（2）土壤全磷和温度的关系。中蒙典型草原带各层土壤全磷含量随年均温度变化不显著，沿年均温度升高呈微弱降低趋势。

（3）土壤全磷和降水的关系。中蒙典型草原带各层土壤全磷含量与年降水量之间无显著相关，沿年降水量的升高呈微弱降低趋势。

（4）土壤全磷和年均温度及年降水量的回归分析。对中蒙

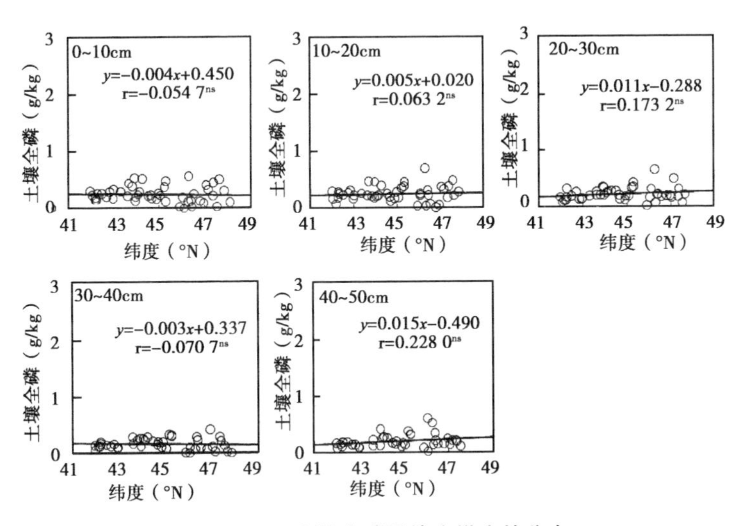

图 4.18　土壤全磷沿纬度梯度的分布

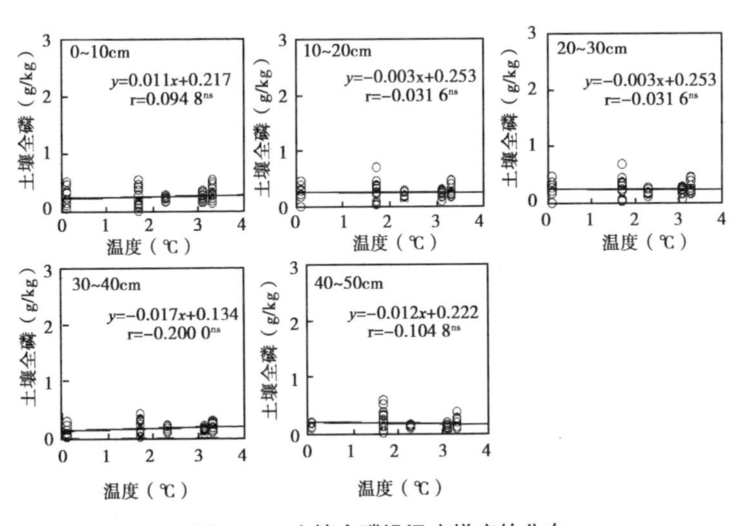

图 4.19　土壤全磷沿温度梯度的分布

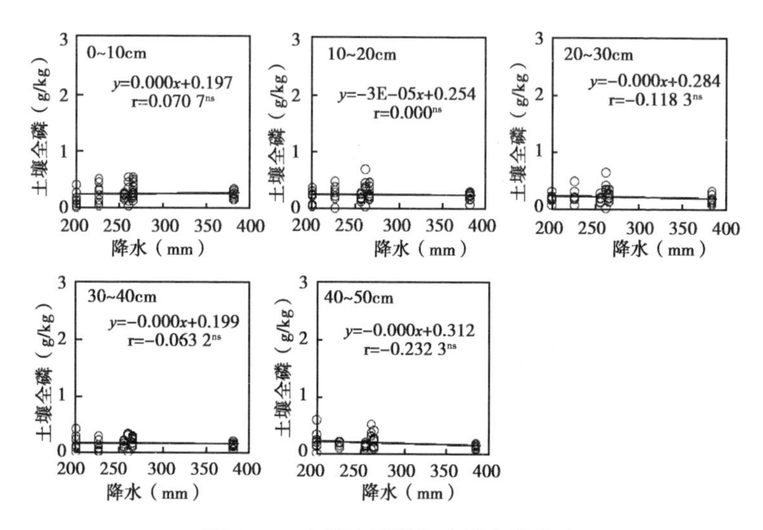

图 4.20　土壤全磷沿降水梯度的分布

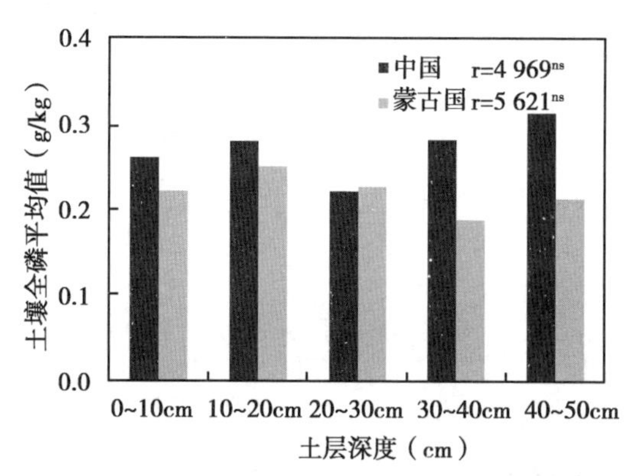

图 4.21　各样地土壤全磷平均值沿土层深度变化

典型草原带各土层土壤全磷含量（*STP*）与年均温（*t*），降水量（*p*）之间的回归方程为：

$$STP = 0.205\ 377 + 0.009\ 71t + (6.1\text{E}-05)\ p,$$

$R=0.0094$；（0~10cm），$p>0.05$　　式（4.21）

$STP=0.25131-0.00418-(1.01E-05)p$,

$R=0.0010$；（10~20cm），$p>0.05$　　式（4.22）

$STP=0.28006-0.00855t-0.00013p$,

$R=0.0200$；（20~30cm），$p>0.05$　　式（4.23）

$STP=0.22206+0.03229t-0.002045$,

$R=0.0968$；（30~40cm），$p>0.05$　　式（4.24）

$STP=0.31460+0.00606t-0.00049p$,

$R=0.0560$；（40~50cm），$p>0.05$　　式（4.25）

根据方差分析结果表明，各土层的土壤全磷含量与年降水量和年均温度之间的回归效果不显著。

（5）土壤速效磷和纬度的关系。中蒙典型草原带土壤速效磷含量分析表明，中蒙典型草原带各层土壤速效磷含量随纬度升高变化显著。随土壤深度的增加中蒙各样地不同土层土壤速效磷氮平均含量有显著降低，中蒙典型草原带各调查样地土壤速效磷含量均值蒙古国与中国内蒙古地区之间有极显著差异，蒙古国土壤速效磷含量均值>中国内蒙古地区土壤速效磷含量均值。中蒙典型草原带各样地不同土层全磷含量平均值分别为（21.46±13.79）mg/kg，（18.54±10.50）mg/kg，（15.28±7.71）mg/kg，（14.84±8.82）mg/kg，（14.39±10.70）mg/kg。中蒙典型草原带南部中国各样地不同土层全磷含量平均值分别为（13.68±4.94）mg/kg，（13.45±5.41）mg/kg，（11.48±3.81）mg/kg，（10.85±3.82）mg/kg，（10.82±3.94）mg/kg，中蒙典型草原带北部蒙古各样地不同土层全磷含量平均值分别为（34.43±14.13）mg/kg，（27.03±11.53）mg/kg，（21.76±8.43）mg/kg，（21.65±10.74）mg/kg，（20.49±15.24）mg/kg（图4.22~图4.25）。

（6）土壤速效磷和温度的关系。中蒙典型草原带土壤速效

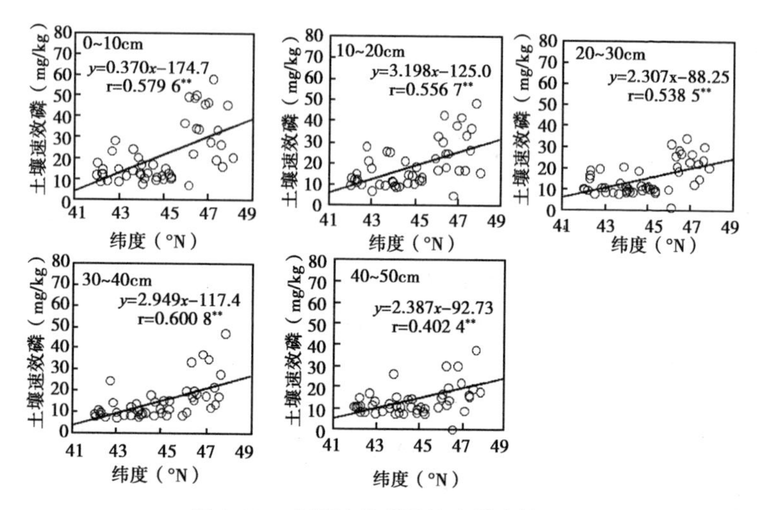

图 4.22　土壤速效磷沿纬度梯度的分布

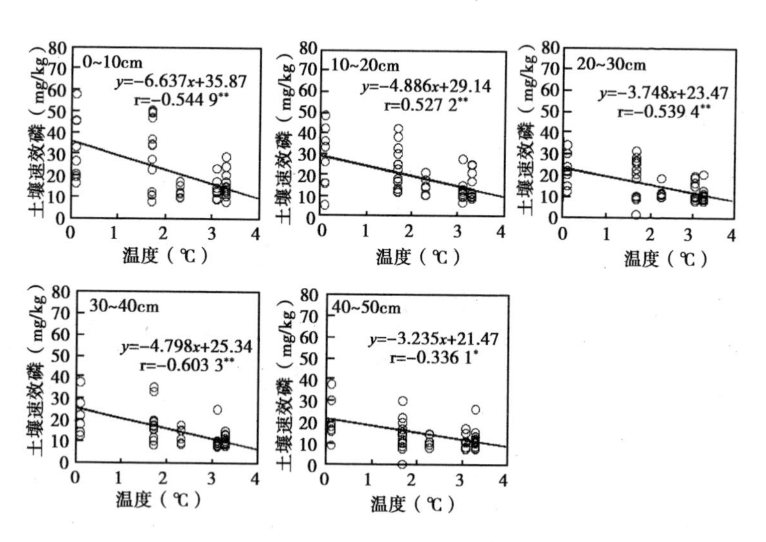

图 4.23　土壤速效磷沿温度梯度的分布

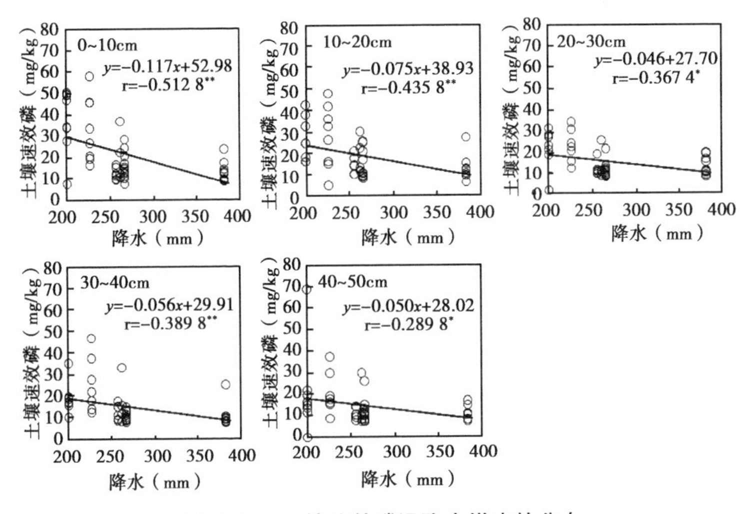

图 4.24　土壤速效磷沿降水梯度的分布

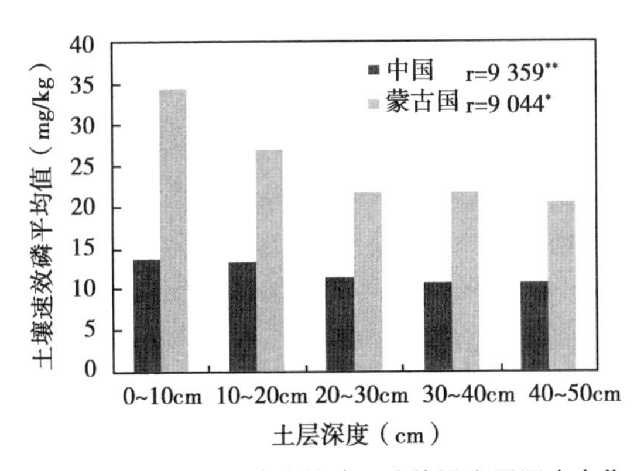

图 4.25　各样地土壤速效磷平均值沿土层深度变化

磷的含量，随年均温度的升高各土层速效氮含量呈递减的趋势，其中，0~10cm、10~20cm、20~30cm、40~50cm 土层土壤速效磷含量和年均温度之间有显著的负相关。在年均温度相对较高的地带土壤的速效磷含量也相对较低。

（7）土壤速效磷和降水的关系。中蒙典型草原带土壤速效磷的含量，随年降水量的增加各土层速效氮含量呈递减的趋势，0~10cm、10~20cm、20~30cm、30~40cm、40~50cm 各土层土壤速效磷含量和年降水量之间有显著的负相关。在年降水量相对较高的地带土壤的速效磷含量也相对较低。

（8）土壤速效磷和年均温度及年降水量的回归分析。对中蒙典型草原带各土层土壤速效磷含量（SAP）与年均温（t），降水量（p）之间的回归方程为：

$$SAP=49.37515-4.52784t-0.06733p,\quad R=0.3540;\ (0\sim10cm),\ p<0.05 \qquad 式（4.26）$$

$$SAP=35.88072-3.83467-0.03356p,\quad R=0.3022;\ (10\sim20cm),\ p<0.05 \qquad 式（4.27）$$

$$SAP=25.47520-3.42345t-0.01008p,\quad R=0.2957;\ (20\sim30cm),\ p<0.05 \qquad 式（4.28）$$

$$SAP=26.95928-4.53710t-0.00813,\quad R=0.3664;\ (30\sim40cm),\ p<0.05 \qquad 式（4.29）$$

$$SAP=26.43596-2.43057t-0.02500p,\quad R=0.1269;\ (40\sim50cm),\ p<0.05 \qquad 式（4.30）$$

根据方差分析结果表明，各土层的土壤速效磷含量与年降水量和年均温度之间的回归效果显著。在各回归方程中年均温度和年降水量的 t 统计量的 P 值均小于 0.05。在回归方程式（4.26）~式（4.29）中，年均温度的 t 统计量的 P 值分别为 0.015 716、0.010 067、0.002 839和 0.000 371，远小于显著性水平 0.05，因此，该自变量年均温度与土壤速效磷相关。这说明温度是影响土壤速效磷含量的主要限制因子，而降水量和年均温度对土壤速效磷具有负交互作用。

4.7 结果与讨论

土壤 pH 是描述土壤酸碱度的惯用指标，pH 显示中蒙典型草原带土壤以碱性为主，中蒙典型草原带土壤 pH 沿纬度升高整体呈现由南向高北的递减趋势，土壤 pH 与纬度之间有极显著的负相关，随纬度的升高土壤酸碱度由碱性向中性递变趋势，土壤 pH 随土壤深度的增加呈显著的递增趋势。中国的土壤 pH 显著高于蒙古国，中蒙典型草原带土壤 pH 随年均气温升高呈显著递增趋势，土壤表层的 pH 和年降水量之间具有显著的正相关。这一结果与在北纬（34. 5°~51. 5°）中亚地区的土壤剖面采样结果基本一致，由于受纬度效应控制，年均温度与纬度间呈显著的负相关，因此，中蒙典型草原带上热量的梯度分布为该地区的盐碱类物质的在地表积累创造了条件，促成了土壤 pH 南高北低的分布格局。也有研究表明，随陆地生态系统演替高级阶段的土壤有机质高于低级阶段，pH 则相反。中蒙典型草原带北部蒙古国典型草原区土壤有机显著高于南部中国内蒙古典型草原区，所以，导致中蒙典型草原土壤水平及垂直分布格局的形成不仅与热量的梯度分布有关，也与中蒙典型草原带降水格局，植物群落演替阶段有关，但在本研究中温度是影响土壤 pH 的主要环境因素之一。

土壤有机质和有机碳主要来源于生物残体及其分泌物，处于形成与分解的动态平衡状态，不同生物气候条件会影响土壤有机质和有机碳数量及分布。本研究中土壤有机质含量随纬度的升高呈显著递增的趋势，因为土壤有机碳是土壤有机质矿化与腐殖化的结果，土壤有机碳含量取决于进入土壤的有机质数量，由于位于高纬度带的蒙古国典型草原的生物量和枯落物高于中国内蒙古草原区。因此，中蒙典型草原土壤有机碳含量也随纬度的升高呈显著递增的趋势，即纬度与土壤有机质和有机碳含量呈极显著正相关。有研究表明土壤有机质和有机碳含量与温度间存在很强的负相关，土壤有机质和有机碳随降水增加而增大。本研究中也表现出随年均温度的升高土壤有机质和有机碳含量显著降低现象，但有机质和有机碳随年降水量增加而降低，降水量和温度对土壤有机质和有机碳具有负交互作用。在中国土壤有机碳与气候关系同样具有相似规律，但也具有明显特色，当年均温度大于 20℃区域，土壤有机碳与温度、降水相关性极差，年均温度 10~20℃区域，土壤有机碳与温度相关性变小，而年均温度小于 10℃区域，土壤有机碳与温度成比较大的负相关，而本研究区域中蒙典型草原区年均温均低于 10℃，土壤有机质和有机碳与温度关系也表现出相同的规律。气候因子通过影响植被生物量、凋落物而影响土壤有机质数量，同时又强烈影响土壤有机质分解与形成，有研究发现黑麦草在热带气候条件下分解速率比在温带高 4 倍。因此，推测中蒙典型草原南部低纬度区土壤有机质和有机碳偏低，可能受地上凋落物，地下生物量的影响，同时中蒙典型草原带低纬度区土壤有机质和有机碳偏低，有可能是沿纬度温度的梯度分布导致了温度相对较高，降水量相对较多的低纬度区土壤有机质分解速率的加快。

氮是大气圈中含量最丰富的元素，但也是草原生态系统植物生产力的限制因子之一。在自然生态系统中土壤氮主要是通过生物固氮、降水及凋落物在地表的积累改变土壤氮素含量，最后影响土壤氮素循环。土壤湿度与温度则是影响土壤氮固持的重要环境因子之一，土壤 90%以上的氮是有机氮，土壤全氮含量与土壤有机质含量高度相关，任何生态系统中氮的流动都依赖于碳元素的流动。中蒙典型草原带土壤全氮含量随纬度的升高呈递增趋势，与土壤有机质变化趋势基本一致，沿纬度呈南低北高趋势，其中，中部土层中的全氮含量与纬度呈显著的正相关，并与温度呈显著的负相关，中下层土壤中的全氮含量与年降水量也呈显著的负相关。中蒙典型草原带而沿纬度的升高气温和降水量呈降低趋势，使土壤有机质分解速率变缓，另外，位于高纬度带的典型草原长期处于原始未利用状态，凋落物远大于南部中国内蒙古草原，源源不断补充到土壤当中。因此，这些因素有可能是导致高纬度地区土壤全氮含量高于低纬度地区原因之一。南部中国境内土壤全氮含量显著低于北部蒙古国。另外，土壤表层的全氮含量均大于表下层，已被很多研究所证明，由于地表形成凋落物是土壤有机碳和全氮重要来源，并且90%生物量集中于表层土壤，所以表层土壤有机碳和全氮含量大于表下层。而本研究中表层土壤全氮含量虽然也大于中下层土壤全氮含量，但只有中层土壤中全氮含量与纬度，温度，降水量的变化具有高度的相关性。全球陆地土壤的全氮含量平均值为2g/kg，而中蒙典型草原带各样地不同土层土壤全氮含量平均值低于这一水平。

全球陆地土壤中磷含量在自然状态下平均值为0.8g/kg左右，大多来自于母岩矿物质，在土壤形成过程中，植物吸收的无机磷形成有机磷，在通过动植物残体归还于土壤。土壤全磷的空间变异性低于有机碳和全氮，这是由于磷是沉积性矿物，在土壤中迁移率低，在空间上分布较为均匀。本研究中中蒙典型草原带土壤全磷含量范围为0.01~0.69g/kg低于自然界平均水平，随纬度、温度、降水梯度分布各层土壤全磷含量变化不显著，地区间也无显著差异，也表现出在空间分布上的一致性。但是，土壤速效磷含量极易受温度和降水影响，中蒙典型草原带土壤速效磷含量随纬度升高变化显著。随土壤深度的增加中蒙各样地不同土层土壤速效磷氮平均含量有显著降低，中蒙典型草原带各调查样地土壤速效磷含量均值蒙古国与中国内蒙古地区之间有极显著差异，蒙古国土壤速效磷含量均值>中国内蒙古地区土壤速效磷含量均值。土壤速效磷含量和年均温度之间有显著的负相关。在年均温度相对较高的地带土壤的速效磷含量也相对较低。土壤速效磷含量和年降水量之间有显著的负相关。在年降水量相对较高的地带土壤的速效磷含量也相对较低。温度是影响中蒙典型草原带土壤速效磷含量的主要限制因子，而年降水量和年均温度对土壤速效磷具有负交互作用。

（1）中蒙典型草原带土壤 pH 整体呈现由南向北呈显著递减趋势，随土壤深度的增加呈显著的递增趋势，土壤 pH 具有空间异质性，中国内蒙古典型草原土壤 pH>蒙古国典型草原土壤 pH。温度是影响中蒙典型草原带土壤 pH 的主要环境因子。未来全球气候变暖趋势可能加剧中蒙典型草原带土壤盐碱化趋势。

（2）中蒙典型草原带土壤有机质和有机碳整体呈现由南向北呈显著的递增趋势，随土壤深度的增加呈显著的递增趋势，土壤有机质和有机碳具有空间异质性。蒙古国典型草原土壤有机质和有机碳含量>中国内蒙古典型草原土壤有机质和有机碳含量。温度是影响该地区土壤有机碳的主要限制因子，而降水量和温度对土壤有机碳具有负交互作用。未来全球气候变暖及局部降水格局改变可能加快中蒙典型草原带土壤贫瘠化趋势。

（3）中蒙典型草原带土壤全氮含量由南向北呈显著的递增趋势，随土壤深度的增加呈显著的递减趋势，土壤全氮含量具有空间异质性。蒙古国典型草原土壤全氮含量含量>中国内蒙古典型草原土壤全氮含量。降水量和温度对土壤全氮含量具有负交互作用。

（4）中蒙典型草原带土壤全磷含量分布不受空间、温度和降水等环境因素影响。但中蒙典型草原带土壤速效氮含量呈现由南向北呈显著的递增趋势，随土壤深度的增加呈显著的递减趋势，土壤速效磷含量具有空间异质性。蒙古国典型草原土壤速效磷含量>中国内蒙古典型草原土壤速效磷含量。温度是影响土壤速效磷含量的主要限制因子，而降水量和年均温度对土壤速效磷具有负交互作用。未来全球气候变暖可能对中蒙典型草原带土壤速效磷有负面影响。

5 中蒙典型草原带植物群落与环境因子关系

欧亚温带草原带西起匈牙利、乌克兰、俄罗斯南部、哈萨克斯坦经蒙古国和中国内蒙古自治区、东西绵延 1 万多 km。欧亚温带草原经过哈萨克斯坦和蒙古国时，由于受到北部阿尔泰山脉和南部天山山脉海拔升高的影响，导致草原带变的狭窄。这里东部及西部植物种类组成和景观有较大差异。在哈萨克斯坦以西的黑色栗钙土上，有禾本科的 *Stipa capillata* 占优势的景色优美的温带草原，相反，在蒙古国以东的干旱半干旱地区以及中国内蒙古自治区中部的栗钙土上克氏针茅（*Stipa krylovii*）广泛分布。中蒙两国的土地利用方式也有很大差异，在蒙古国东部草原区仍然延续着四季游牧为主的传统畜牧业，而在中国内蒙古自治区中东部草原区以定居集约经营畜牧业成为主导的生产经营方式。

近年，蒙古国和中国内蒙古草原地区，在水源丰富的地带也开始种植农作物但长势不是很好。北温带草原东西两侧生态系统都处于巨大环境压力之中。首先，西半部的粮仓由于对天然草原大规模的开垦加速草原面积的减少，许多草原物种濒临绝灭，天然草原面积及物种多样性趋于减少。在设立的国立自然保护区内的许多物种都上了濒危动植物名录。东半部由于过度放牧造成的草原沙化问题也非常严重，而中蒙典型草原区核心地带正处于北温带草原东部，随着对羊肉及羊毛生产量需求的逐年增加，尤其人们对羊绒产品过度需求，是推动中国内蒙古典型草原整体退化，蒙古国典型草原局部退化的主要原因之一。导致植物高度变矮的同时，植物物种组成发生改变，适口性好的牧草开始消失，开始被适口性差的牧草和多刺的灌木所替代，并逐渐成为优势物种，渐渐裸地面积开始增多。同时，全球气候变暖加速了草原退化进程，这种全球性气候变暖的事实在最近10多年中得到了广泛的认同，全球地表气温的最新分析表明，在过去100年中平均上升0.6℃，一般而言，北半球中、高纬度地区比低纬度地区增温，上升幅度最显著的是中高纬度地区。已有研究结果表明，降水和气温变化是全球气候变化的两个主要衡量标志，也是影响植物生长以及多样性变化两个主要环境因子。人类活动所引发的以全球平均气温上升和降水格局改变为标志的气候变化给经过长期进化的生物物种施加了前所未有的选择压力，引起生物物种的物候、生长和种间关系及分布区发生改变，进而导致群落结构和多样性发生变化。与此同时，生物多样性也会对气候变化产生影响。生物多样性在基因与物种水平的改变会导致生态系统的结构、功能的改变，及其与水、碳、氮等生物地球化学循环相互作用的改变，进而进一步影响到地区或全球的气候。

据意大利帕维亚大学植物生态和植物保护实验室测算，从1950年到现在，阿尔卑斯山脉的植物分布下限向高处退缩了24m，气候变暖和当地大量建造基础设施，为外来植物入侵高山地区提供了便利。阿尔卑斯山脉国际保护委员会最近警告，如情况得不到好转，45%的特有植物到2100年有可能灭绝。美国奥林匹克国家公园内的乔木已经入侵山地草原造成其分布面积的减少。Shugart认为随着地球暖化植物往北迁移的速度被估计为5~150km/100a。Parmesan和Yohe对超过1 700个植物种的最新研究发现，往极地方向迁移的平均速度为6.1km/10年，相应地往高海拔迁移的速度为6.1m/10年。在北美东部森林树种往北迁移的速度曾达到1km/年。并且，这个速度似乎没有受到迁移路径上的障碍物的影响。因此，气候变化会严重影响植物地理分布格局，而许多植物物种对气候变化耐受性的进化速率远远慢于气候变化速率，它们在对气候变化的适应方面具有很强的保守性。沿纬度方向向极地或高海拔迁移的物种，若在迁移途中遇到大的自然地理障碍阻隔而无路可退时将面临灭亡。

气候变暖也会造成生物物候期的变化。方修琦和余卫红等研究认为，尽管不同物种对气候变化的响应不尽相同，但大量生物物候期变化的证据都表明，随着近年气温的升高，植物生长季延长、春季物候期提前、秋季物候期推迟已成为一种全球趋势。祁如英等表明全球范围内大于80%物种的物候期每10年提前或延后了2.3~5.1d，仲夏之前开花的物种物候期提前，仲夏之后开花的物种物候期延迟。Zhou和徐雨晴等通过归一化植被指数(NDVI)资料显示，在过去20年内，欧亚地区植物生长季延长了18 d左右，北美延长了12d。全球变暖影响着植物的开花物候，并且这种影响在高山生态系统和极地地区尤为突出。Wolkovich等进行了涵盖四大洲共1 634个物种的植物生命周期研究，发现植物开花的速度是实验预测速度的8.5倍，而展叶的速度相当于预测速度的4倍，证明以往的实验低估了物种因温度上升而加快生长的进度。Memmott等表明，当植物花期提前1~3周时，17%~50%的传粉者将经历食物短缺甚至无食物阶段，并且该比例还会随花期更多的提前而进一步增加，甚至导致该生态系统内的某些传粉者减少甚至消失。一旦植物的传粉者消失，其通过有性繁殖产生的子代数目将急剧减少，并最终导致植物群落衰退。这些植物对气候变化作出的响应可能会给食物链和生态系统带来毁灭性的连锁效应。

气候变暖也会造成生物多样性的变化。也有研究表明，降水增加，气温升高，有利于草原物种丰富度和多样性的增加。不同生活型植物对降水和气温变化反应也不相同。一年生植物的多样性容易随气候变化而波动，多年生植物的多样性受到气候变化影响时较为稳定。有学者在内蒙古科尔沁草原试验研究结果表明，暖湿气候条件下，禾本科植物多样性明显下降，豆科 、菊科 、藜科、杂类草植物多样性均大幅度增加，而暖干气候条件下禾本科和藜科植物多样性明显增加，豆科、菊科和杂类草植物多样性明显下降。这说明，在科尔沁草地，暖湿气候对于大多数科属植物多样性的增加是有利的，而暖干气候则可能对禾本科植物多样性增加有利。

气候变化与生物量研究表明，中国典型草原区羊草样地实测的地上生物量值自 1993 年以后有明显的下降趋势，冬季增温使该地区春季干旱进一步加剧，并使典型草原的生产力下降。但也有学者通过综合气象数据和模型模拟研究发现，过去 45 年里内蒙古典型草原区温度明显升高，地上生物量总体上呈现波动增加的趋势。多伦县逐年的降水量及气温资料得出，内蒙古农牧交错带多伦县温度升高对草地生产潜力起促进作用。适当的增温有利于草地地上生物量的增加，对地下生物量的影响具有不确定性。而国际冻原计划从 20 世纪 90 年代开始采用开顶箱，被动模拟增温装置对生态系统进行人工增温，模拟近自然条件的不同温度和降水梯度对生态系统的影响，以期评估植物群落对气候变化的响应。通过增温试验发现中国北方温带草原植物根部年生物量下降 10.3%。也有试验研究认为，降水增多有利于草地生物量的增加，发现增雨可提高中国温带草地植物群落的生物量，减少降雨频率而不改变总的降雨量，会使植被生产力下降，更频繁的降雨可使草地生物量显著增加。对于大针茅整个生长阶段而言，总降雨量对地下生物量有极显著影响，降雨量大时地下生物量高，降雨间隔时间对地下生物量没有显著影响。锡林河流域草原群落植物群落初级生产力年降水量呈正相关，与年均气温和干燥度呈负相关。

因此，不断加剧的气候变化，会对北方陆地生态系统产生重大影响。这种气候的变化也必将对欧亚温带草原生态系统产生广泛而深远的影响。但是，解决这些问题面许多困难，人们为了基本生存的需要，超载放牧已成为不争的事实。人口的增加与贫困是诸多全球性环境问题的共性问题。在中国内蒙古草原及蒙古草原的牧民为了生存饲养了大量的家畜，导致草原群落高度和数十年前相比显著变低。虽然当地牧民也非常清楚这个事实，但是为了获取更多的畜产品，无法从根本上控制合理的载畜量。为了解决这个问题需要国家政策，国际合作，科学数据的支撑，因此，及早建立适宜人类生存的可持续发展的社会系统是十分必要的。

在这种全球气候变化背景下如何科学合理保护和利用中蒙草原，已受到社会各界广泛关注。我国从 1987 年起开展了一系列针对气候变化与温带草原植物群落的研究，其研究区域主要集中于欧亚温带草原东缘并取得了一系列的研究成果。但对全球气候变化对欧亚温带草原东缘核心区域影响与未来的变化趋势尚存在许多问题。主要是缺乏沿全球气候变化主要环境梯度上对欧亚温带草原东缘的整体理解，特别是对欧亚温带草原东缘生态系统各组织层次在边缘与核心区对全球气候变化下的响应需要比较与深入探讨。而我国草原气候变化响应研究的滞后状况制约着草原生态保护建设的效率和效益，迫切需要对草原气候变化影响和适应的系统研究。因此，本研究通过大的空间尺度上，对欧亚温带草原东缘生态系统核心区，中蒙典型草原带群落数量特征进行调查，分析中蒙典型草原带的植物群落物种组成、物种多样性、主要植物种群数量特征、植被生产力及群落结构随温度、降水和纬度梯度上的变化规律。

5.1 研究区域及方法

欧亚温带草原起始于匈牙利，终于中国东部松辽平原，呈连续带状分布，东西绵延近 110 个经度，面积 2.5 亿 hm^2。其东缘部分主要包括蒙古高原大部，中国东北松辽平原和俄罗斯外贝加尔地区。而本研究区域位于欧亚温带草原东缘部分，属于中温带及寒温带半干旱气候类型，地形为波状起伏的高平原，从南到北中国北部的典型草原与蒙古和贝加尔地区的典型草原直接相连，是亚洲中部草原的主要组成部分。植被类型可分为 3 类：东亚夏绿阔叶林植物区、欧亚草原植物区、西伯利亚针叶林区。面积最大的是中部的草原区，又可分为荒漠草原区、典型草原区和草甸草原区。中蒙典型草原带北部植被为以贝加尔针茅（*Stipa baicalensis*）为优势种的草甸草原；中和南部为以大针茅（*Stipa grandis*）、克氏针茅（*Stipa krylovii*）、羊草（*Leymus chinensis*）为优势种的典型草原，也有以贝加尔针茅为优势的局部的草甸草原区，西部主要以克里门茨针茅（*Stipa klemenzii*）、戈壁针茅（*Stipa gobica*）为优势的荒漠草原。植物区系以蒙古草原成分、亚洲中部区系成分为主，如针茅、羊草、隐子草、冰草、委陵菜、黄芪、线叶菊、多根葱、蒙古韭、女蒿、亚菊、锦鸡儿等建群种和优势成分。

野外调查于 2012 年，2013 年 8—9 月，中国农业科学院草原研究所联合蒙古国国立畜牧科学院，蒙古国草原管理学会等研究草原、土壤、昆虫等方面研究人员 30 余人对中蒙典型草原带进行了实地考察，考察区域以中国内蒙古锡林郭勒草原和蒙古国东部草原为主，用全球定位系统定位经纬度，用海拔表测定高程，记录该点所属的植被类型及土地利用状况，沿 1 000 km 样带上共定 50 个调查点，如表 5.1 所示。选择典型的、同质的、有代表性的典型草原地段来设置样方，取样的植物群落要保持高度的一致性，达到能代表整个群落的目的。沿样带在每个样地内设置 5 个调查样方（大小为 1m×1m），观测样方内所有植物种分盖度、平均高度和株丛数。观测完毕后，将其中 3 个样方内植物群落齐地面剪下分别装入网袋（布袋），测定地上生物量。

植物种的数据我们采用重要值综合指标，重要值（*IV*）计算：*IV*=（相对盖度+相对高度）/200。

综合优势比（SDR_2）计算：SDR_2 =（盖度比+高度比）/2×100%。

多样性指数：Shannon-Wiener 指数（ Pielou，1975 ）；

$$H = \sum_{i=1}^{s} (P_i ln\, P_i)$$

其中，P_i表示第 i 个种的多度比例。

Sorenson 指数（Whittaker，1972）。

$$C_s = 2j/(a + b)$$

式中：j 为两个群落或样地的共有种数；a 和 b 分别为样地 A 和样地 B 的物种数。这个指数表明的是沿环境梯度，两两群落的相似程度。

数据的前期处理和制图是使用 Excel 进行的，后期采 SAS8.0 统计分析软件对数据进行统计分析（SAS Institute Inc，1989）。

表 5.1 样地基本信息

样地号	经纬度		海拔(m)	样地号	经纬度		海拔(m)
	N	E			N	E	
1	41°49′46.63″	115°14′3.67″	1 426	26	44°43′06.04″	115°46′48.02″	965
2	42°00′23.57″	115°56′08.63″	1 350	27	44°54′14.97″	116°03′47.66″	907
3	42°03′00.53″	116°19′49.38″	1 308	28	44°58′11.26″	115°06′23.90″	1 224
4	42°11′13.48″	116°44′47.15″	1 295	29	45°05′46.95″	115°50′20.97″	984
5	42°14′58.23″	116°27′55.27″	1 270	30	45°14′45.02″	115°34′19.91″	1 197
6	42°16′36.27″	116°03′48.50″	1 228	31	45°19′37.58″	114°50′21.56″	1 467
7	42°17′40.68″	115°47′29.67″	1 370	32	45°19′55.91″	115°08′31.98″	1 338
8	42°30′45.47″	115°51′36.22″	1 310	33	45°56′30.9″	115°17′14.7″	1 141
9	42°43′01.32″	116°03′41.15″	1 342	34	46°05′37″	113°05′37″	962
10	42°51′33.87″	116°21′21.69″	1 351	35	46°06′36.7″	112°56′38.7″	1 081
11	42°58′10.58″	116°58′10.58″	1 292	36	46°18′48.4″	114°40′21.7″	977
12	43°01′11.05″	115°59′43.03″	1 318	37	46°20′15.6″	113°14′44.3″	1 071
13	43°19′56.67″	116°06′34.13″	1 348	38	46°24′36.3″	113°44′21.2″	1 121
14	43°26′22.47″	116°40′04.39″	1 270	39	46°27′1.3″	112°24′51.8″	1 045
15	43°38′55.91″	116°09′06.32″	1 138	40	46°34′08″	114°17′29.2″	1 012
16	43°39′59.811″	115°51′16.39″	1 243	41	46°50′8.4″	111°51′10.6″	1 111
17	43°51′08.90″	116°27′05.59″	1 131	42	46°58′3.2″	113°29′46.5″	1 081
18	43°57′18.20″	115°51′29.44″	1 109	43	47°04′17.2″	113°50′9″	1 026
19	43°58′43.19″	114°34′29.85″	1 098	44	47°10′57.9″	112°07′19.8″	1 171
20	43°59′47.48″	115°08′46.37″	1 171	45	47°22′13.1″	113°40′59.5″	1 015
21	44°04′34.00″	116°17′29.88″	1 087	46	47°23′31.9″	114°26′31.01″	1 031
22	44°09′05.10″	115°53′18.31″	954	47	47°34′15.1″	112°18′3.2″	1 037
23	44°17′33.52″	115°02′16.89″	1 119	48	47°39′29.6″	114°11′17.5″	970
24	44°31′36.44″	115°59′02.35″	1 031	49	47°52′19.4″	112°44′14.4″	883
25	44°41′01.86″	115°04′58.50″	1 112	50	48°05′32.5″	113°27′43.5″	833

5.2 中蒙典型草原植物群落数量特征

(1) 植物区系。植物科属在植物区系和植被中具有不同地位和作用，根据中蒙典型草原带50个调查样地样方内植物的统计，主要植物有大针茅、克氏针茅、糙隐子草、羊草、冰草以及寸草苔、黄囊苔、双齿葱、二裂委陵菜、星毛委陵菜、冷蒿、达乌里芯芭、小叶锦鸡儿等合计出现物种有140种，属于34科94属。含种最多的科依次为禾本科（22种）、菊科（22种）、豆科（18种）、百合科（10种）、藜科（8种），最多的属依次为蒿属和葱属。

表5.2 中蒙典型草原带调查样方内植物名录

编号	植物种	植物拉丁名	科名
1	二色补血草	*Limonium bicolor*	白花丹科
2	驼舌草	*Goniolimon speciosum*	白花丹科
3	矮葱	*Allium anisopodium*	百合科
4	多根葱	*Allium polyrhizum*	百合科
5	黄花葱	*Allium condensatum*	百合科
6	沙葱	*Allium mongolicum*	百合科
7	双齿葱	*Allium bidentatum*	百合科
8	细叶韭	*Allium tenuissimum*	百合科
9	野韭	*Allium ramosum*	百合科
10	天门冬	*Asparagus cochinchinenesis*	百合科
11	黄花菜	*Hemerocallis citrina*	百合科
12	知母	*Anemarrhena asphodeloides*	百合科
13	北点地梅	*Androsace septentrionalis*	报春花科
14	点地梅	*Androsace umbellata*	报春花科

（续表）

编号	植物种	植物拉丁名	科名
15	车前	*Plantago asiatica*	车前科
16	百里香	*Thymus mongolicus*	唇形科
17	糙苏	*Phlomis umbrosa*	唇形科
18	益母草	*Leonurus japonicus*	唇形科
19	并头黄芩	*Scutellavia scordifolia*	唇形科
20	黄芩	*Scutellavia baicalensis*	唇形科
21	地锦	*Euphorbia humifusa*	大戟科
22	乳浆大戟	*Euphorbia esula*	大戟科
23	胡枝子	*Lespedezabicolor*	豆科
24	扁蓿豆	*Melilotoides ruthenica*	豆科
25	草木樨	*Melilotus suaveolens*	豆科
26	甘草	*Glycyrrhiza uralensis*	豆科
27	披针叶黄华	*Thermopsis lanceolata*	豆科
28	糙叶黄芪	*Astragalus scaberrimus*	豆科
29	斜茎黄芪	*Astragalus adsurgens*	豆科
30	草原黄芪	*Astragalus dalaiensis*	豆科
31	乳白花黄芪	*Astragalus galactites*	豆科
32	多叶棘豆	*Oxytropis myriophylla*	豆科
33	黄毛棘豆	*Oxytropis ochrantha*	豆科
34	轮叶棘豆	*Oxytropis chiliophylla*	豆科
35	硬毛棘豆	*Oxytropis hirta*	豆科
36	狭叶锦鸡儿	*Caragana stenophylla*	豆科
37	小叶锦鸡儿	*Caragana microphylla*	豆科
38	米口袋	*Gualdenstaedtia verna*	豆科
39	紫花苜蓿	*Medicago sativa*	豆科

（续表）

编号	植物种	植物拉丁名	科名
40	广布野豌豆	*Vicia cracca*	豆科
41	冰草	*Agropyron cristatum*	禾本科
42	狗尾草	*Setaira viridis*	禾本科
43	虎尾草	*Chloris virgata*	禾本科
44	画眉草	*Eragrostis pilosa*	禾本科
45	芨芨草	*Achnatherum splendens*	禾本科
46	羽茅	*Achnatherum sibiricum*	禾本科
47	赖草	*Leymus secalinus*	禾本科
48	羊草	*Leymus chinensis*	禾本科
49	白草	*Pennisetum centrasiaticum*	禾本科
50	马唐草	*Digitaria especially*	禾本科
51	互花米草	*Spartina alterniflora*	禾本科
52	披碱草	*Elymus dahuricus*	禾本科
53	洽草	*Koeleria cristata*	禾本科
54	沙鞭	*Psammochloa villosa*	禾本科
55	野糜子	*Panicum miliaceum*	禾本科
56	羊茅	*Festuca ovina*	禾本科
57	糙隐子草	*Cleistogenes squarrosa*	禾本科
58	无芒隐子草	*Cleistogenes songorica*	禾本科
59	早熟禾	*Poa annua*	禾本科
60	贝加尔针茅	*Stipa baicalensis*	禾本科
61	大针茅	*Stipa grandis*	禾本科
62	克氏针茅	*Stipa krylovii*	禾本科
63	瓦松	*Orostachys fimbriatus*	景天科
64	长柱沙参	*Adenophora stenanthina*	桔梗科

（续表）

编号	植物种	植物拉丁名	科名
65	皱叶沙参	*Adenophora stenanthina var collina*	桔梗科
66	苍耳	*Xanthium sibiricum*	菊科
67	柳叶风毛菊	*Saussurea salicifolia*	菊科
68	草地风毛菊	*Saussurea amara*	菊科
69	阿尔泰狗娃花	*Heteropappus altaicus*	菊科
70	白莲蒿	*Artemisia sacrorum*	菊科
71	变蒿	*Artemisia commutata*	菊科
72	大籽蒿	*Artemisia sieversiana*	菊科
73	黑沙蒿	*Artemisia ordosicaKrasch*	菊科
74	红足蒿	*Artemisia rubripes*	菊科
75	黄毛蒿	*Artemisia velutina*	菊科
76	冷蒿	*Artemisia frigida*	菊科
77	南牡蒿	*Artemisia eriopoda*	菊科
78	丝裂蒿	*Artemisia vadamsii*	菊科
79	铁杆蒿	*Artemisia sacrorum*	菊科
80	乌丹蒿	*Artemisia wudanica*	菊科
81	东北茵陈蒿	*Artemisia scoparia*	菊科
82	碱黄鹌菜	*Youngia stenoma*	菊科
83	苦荬菜	*Ixeris denticulata*	菊科
84	麻花头	*Serratula centauroides*	菊科
85	蒲公英	*Taraxacum mongolicum*	菊科
86	桃叶鸦葱	*Scorzonera sinensis*	菊科
87	栉叶蒿	*Neopallasia pectinata*	菊科
88	紫菀	*Aster tataricus*	菊科
89	虫实	*Corispermum hyssopifolium*	藜科

（续表）

编号	植物种	植物拉丁名	科名
90	木地肤	*Kochia prostrata*	藜科
91	刺穗藜	*Chenopodium aristatum*	藜科
92	灰绿黎	*Chenopodium glaucum*	藜科
93	狭叶尖头叶藜	*Chenopodium acuminatum*	藜科
94	雾冰藜	*Bassia dasyphylla*	藜科
95	轴藜	*Axyris amaranthoides*	藜科
96	猪毛菜	*Salsola collina*	藜科
97	叉分蓼	*Polygonum divaricatum*	蓼科
98	卷茎蓼	*Polygonum convolvulus*	蓼科
99	野荞麦	*Fagopyrum leptopodum*	蓼科
100	列当	*Orobanche coerulescens*	列当科
101	龙胆	*Gentiana scabra*	龙胆科
102	地梢瓜	*Cynanchum thesioides*	萝摩科
103	草麻黄	*Ephedra sinica*	麻黄科
104	太阳花	*Erodium stephanianum*	牻牛儿苗科
105	白头翁属	*Pulsatilla chinensis*	毛茛科
106	瓣蕊唐松草	*Thalictrum minus*	毛莨科
107	展枝唐松草	*Thalictrum squarrosum*	毛茛科
108	木贼	*Equisetum hyemale*	木贼科
109	地蔷薇	*Chamaerhodos erecta*	蔷薇科
110	地榆	*Sanguisorba officinalis*	蔷薇科
111	二裂萎陵菜	*Potentilla bifurca*	蔷薇科
112	菊叶委陵菜	*Potentilla tanacetiflolia*	蔷薇科
113	三出叶委陵菜	*Potentilla betonicaefolia*	蔷薇科
114	星毛萎陵菜	*Potentilla acaulis*	蔷薇科

(续表)

编号	植物种	植物拉丁名	科名
115	狼毒	*Stellera chamaejasme*	瑞香科
116	柴胡	*Bupleurum chinense*	伞形科
117	防风	*Saposhnikovia Divaricata*	伞形科
118	寸草苔	*Carex duriuscula*	莎草科
119	黄囊苔	*Carex korshinskii*	莎草科
120	独行菜	*Lepidium apetalum*	十字花科
121	全缘叶花旗杆	*Dontostemon integrifolius*	十字花科
122	小花花旗杆	*Dontostemon micrauthus*	十字花科
123	香芥	*Clausia kornuch*	十字花科
124	燥原荠	*Ptilotrichum canescens*	十字花科
125	叉枝繁缕	*Stellaria dichotoma*	石竹科
126	旱麦瓶草	*Silene jenisseensis*	石竹科
127	草原丝石竹	*Gypsophila davurica*	石竹科
128	苋菜	*Amaranthus paniculatus*	苋科
129	白婆婆纳	*Veronica incana*	玄参科
130	达乌里芯芭	*Cymbaria dahurica*	玄参科
131	银灰旋花	*Convolvulus ammannii*	旋花科
132	田旋花	*Convolvulusarvensis*	旋花科
133	小旋花	*Convolvulus hederacea*	旋花科
134	马蔺	*Iris lactea*	鸢尾科
135	射干鸢尾	*Iris dischotoma*	鸢尾科
136	细叶鸢尾	*Iris tenuifolia*	鸢尾科
137	远志	*Polygala tenuifolia*	远志科
138	草芸香	*Haplophuyllum dauricum*	芸香科
139	鹤虱	*Lappula echinata*	紫草科
140	野大麻	*Cannabis sativa*	桑科

（2）优势植物和环境因子间关系。整体来看禾本科和菊科植物占据优势的地位，但禾本科植物在各样地群落中的所占的百分比和纬度、温度、降水梯度之间均无显著的相关性（$P>0.05$）（图 5.1）。菊科和豆科植物在各样地群落中的所占的百分比和纬度、温度、降水梯度之间也无显著的相关性（$P>0.05$）（图 5.2，图 5.3）。百合科植物在各样地群落中的所占的百分比和纬度及降水梯度之间无显著的相关性（$P>0.05$），但百合科植物在各样地群落中的所占的百分比和温度梯度有显著的相关性（$P<0.05$）（图 5.4）。藜科植物在各样地群落中的所占的百分比和纬度及温度之间无显著的相关性（$P>0.05$），但藜科物在各样地群落中的所占的百分比和降水有显著的相关性（$P<0.05$）（图 5.5）。

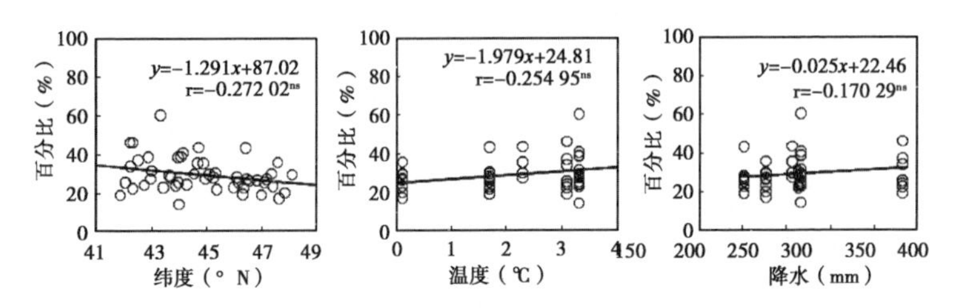

图 5.1 禾本科植物沿纬度・温度・降水梯度的变化

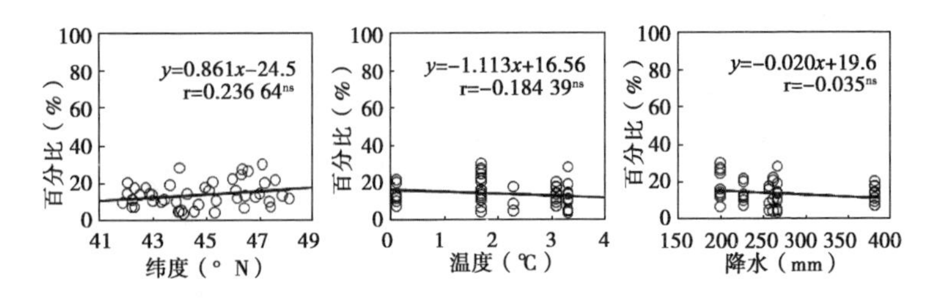

图 5.2 菊科植物沿纬度・温度・降水梯度的变化

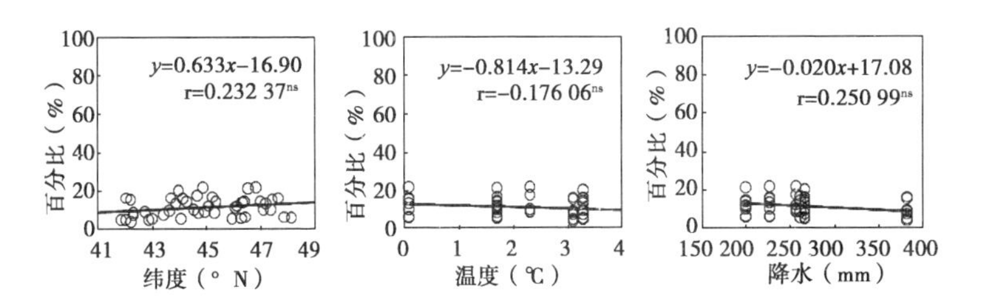

图 5.3　豆科植物沿纬度·温度·降水梯度的变化

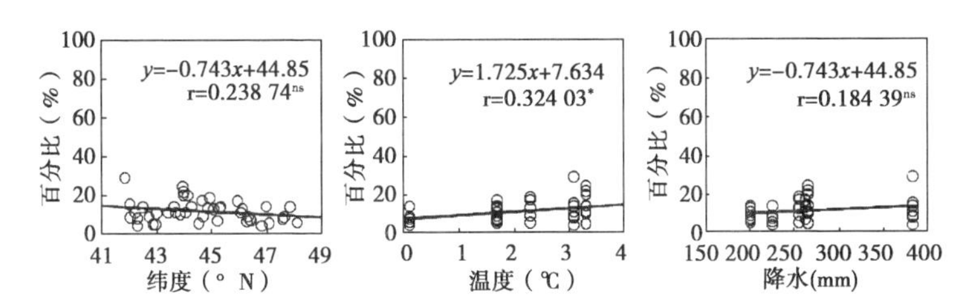

图 5.4　百合科植物沿纬度·温度·降水梯度的变化

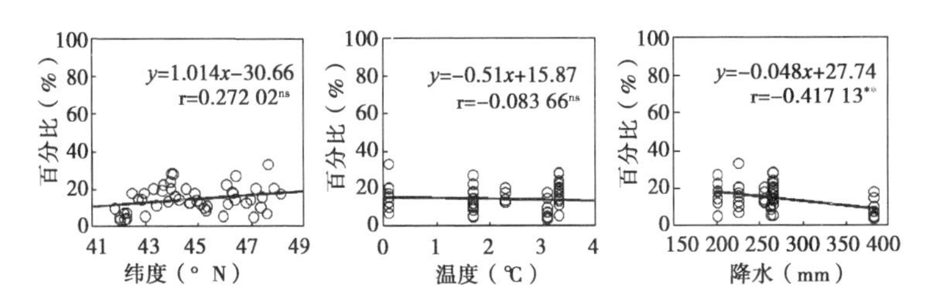

图 5.5　藜科植物沿纬度·温度·降水梯度的变化

（3）优势植物在群落中百分率和年均温及降水量之间的回归分析。中蒙典型草原带的禾本科（*G-PCT*）、菊科（*A-PCT*）、豆科（*L-PCT*）、百合科（*LI-PCT*）、藜科（*C-PCT*）植物在群落中的百分率与年均温（t），降水量（p）之间的回归方程为：

$G\text{-}PCT = 23.78085 + 1.82226t + 0.00516p$，$R = 0.06660$，$p > 0.050$；

$A\text{-}PCT = 19.16873 - 0.69068t - 0.01319p$，$R = 0.04386$，$p > 0.050$；

$L\text{-}PCT = 16.93526 - 0.20305t - 0.01862p$，$R = 0.06438$，$p > 0.050$；

$LI\text{-}PCT = 7.60413 + 1.72029t + 0.00015p$，$R = 0.10521$，$p > 0.050$；

$C\text{-}PCT = 28.80477 + 1.41567t - 0.06399p$，$R = 0.21154$，$p < 0.010$。

根据方差分析结果表明，中蒙典型草原带禾本科、菊科、豆科、百合科在群落中的百分率与年降水量和年均温度之间的回归效果不显著，但是藜科在群落中的百分率与年降水量和年均温度之间的回归效果极显著，在回归方程中，年降水量的 t 统计量的 P 值为 0.001 199，远小于显著性水平 0.05，因此，该两项的自变量年降水量与藜科在群落中的百分率负相关。这说明年降水量为负效应，说明目前该区域如果年降水量减少会促进藜科植物在群落中的地位。

（4）植物生活型和环境因子间关系。植物生活型是植物对于综合环境条件的长期趋同适应而在外貌上反映出来的植物类型。生活型谱是指某一地区植物区系中各类生活型的百分率组成。在中蒙典型草原带，一年生植物，多年生植物和灌木在各样地群落中的所占的百分比和纬度、温度、降水梯度之间均无显著的相关性（$P>0.05$）（图 5.6~图 5.8）。

（5）植物生活型在群落中百分率和年均温及降水量之间的回归分析。中蒙典型草原带植物生活型，一年生植物（$A\text{-}PCT$）、多年生植物（$P\text{-}PCT$）、灌木（$S\text{-}PCT$）在群落中的百分率与年均温（t），降水量（p）之间的回归方程为：

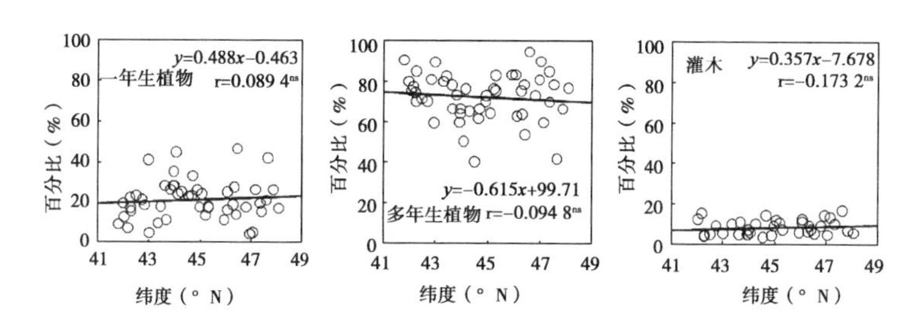

图 5.6　植物生活型沿纬度梯度的变化

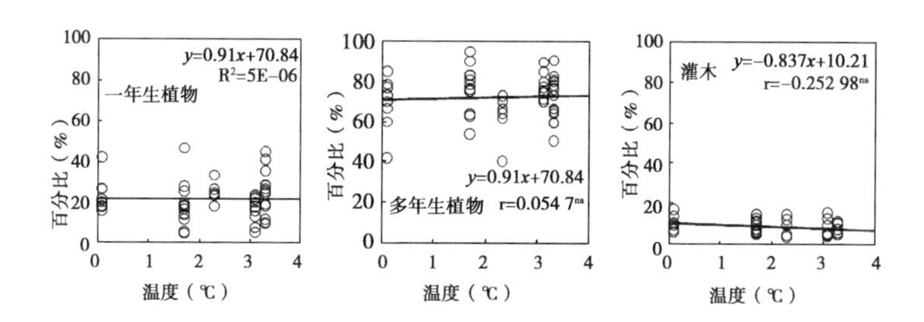

图 5.7　植物生活型沿温度梯度的变化

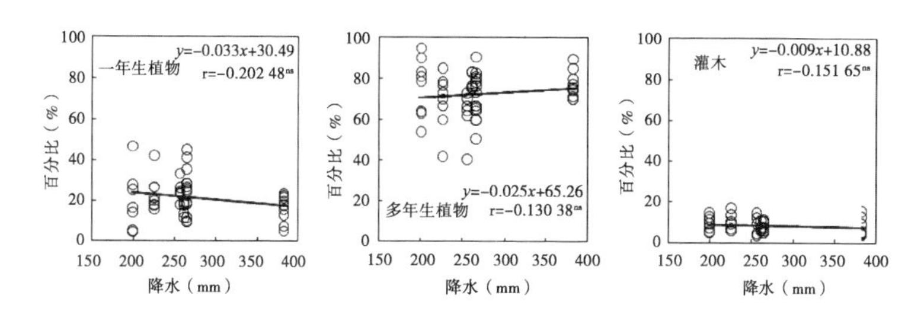

图 5.8　植物生活型沿降水梯度的变化

$A\text{-}PCT = 31.622\ 75 + 1.453\ 83t - 0.049\ 79p$，$R = 0.061\ 471$，$p > 0.050$；

$P\text{-}PCT = 65.06875 - 0.26660t + 0.02858p$，$R = 0.01752$，$p > 0.050$；

$S\text{-}PCT = 10.24343 - 0.83168t - 0.00016p$，$R = 0.06443$，$p > 0.050$。

根据方差分析结果表明，中蒙典型草原带一年生植物、多年生植物和灌木在群落中的百分率与年均温，降水量之间的回归效果不显著。

（6）植物优势比和环境因子间关系。综合优势比缩写形式（*SDR*）是评价群落中植物相对作用大小的一种综合性数量指标。综合优势比的功能类似于重要值，两者均是种的综合数量评价指标。在中蒙草原优势植物克氏针茅在群落中的综合优势比随纬度、温度、降水梯度均无明显变化（$P>0.05$）（图 5.9）。而羊草在群落中的综合优势比，随纬度和温度的变化表现出显著的差异（$P<0.05$），沿纬度升高温度的降低优质牧草羊草在群落中的综合优势比显著降低，但与降水梯度之间无显著的相关性（图 5.10）。糙隐子草也表现出与羊草相同的变化趋势（图 5.11）。冰草作为典型草原群落重要的伴生种在群落中的综合优势比，随纬度、温度、降水梯度均无明显变化（$P>0.05$）（图 5.12）。在典型草原植被中豆科植物小叶锦鸡儿具有重要景观作用，但典型草原趋于沙质化和砾石化时常混生许多小叶锦鸡儿成为灌丛化草原。在本研究区内小叶锦鸡儿在群落中的综合优势比随纬度升高和温度降低均无显著变化（$P>0.05$），但与降水梯度之间具有显著的相关性（$P<0.05$）（图 5.13）。冷蒿在典型草原中往往形成优势成分，在重度利用的草原上也会演替为占优势的次生群落，星毛委陵菜和狼毒作为草原退化指示植物具有重要指示作用。本研究重点研究气候变化背景下中蒙典型草原变化，选择的是人为干扰较轻的样地，作为草原退化指示植物的冷蒿、星毛委陵菜和

狼毒在群落中的综合优势比随纬度、温度、降水梯度均无明显变化（$P>0.05$）（图 5.14~图 5.16）。

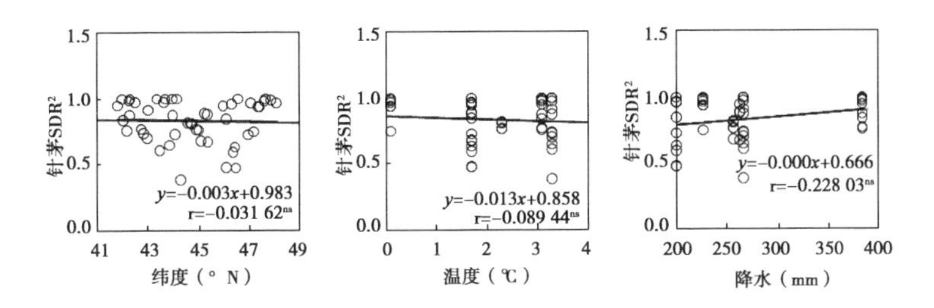

图 5.9　针茅 SDR_2沿纬度 · 温度 · 降水梯度的变化

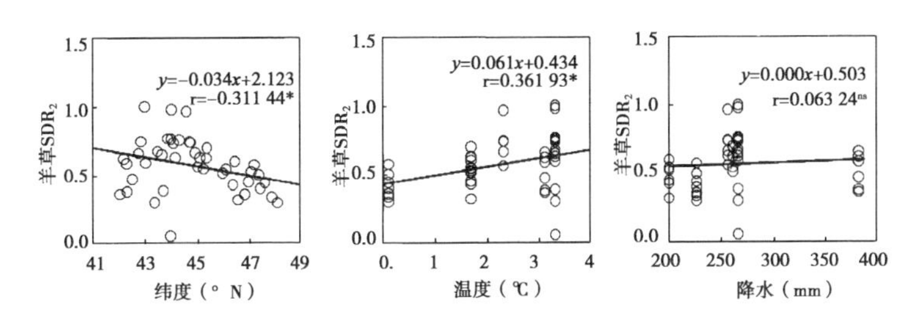

图 5.10　羊草 SDR_2沿纬度 · 温度 · 降水梯度的变化

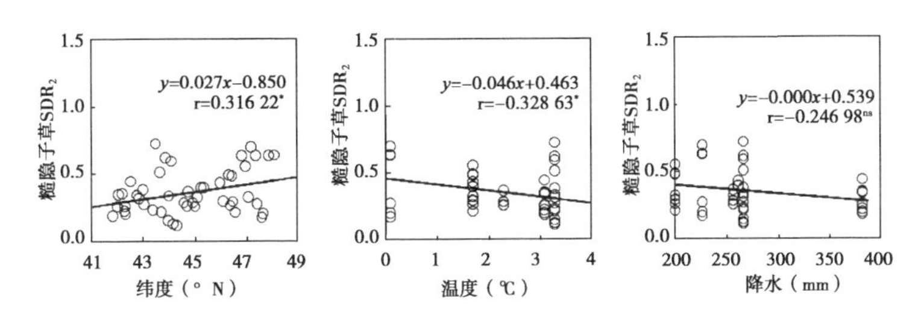

图 5.11　糙隐子草 SDR_2沿纬度 · 温度 · 降水梯度的变化

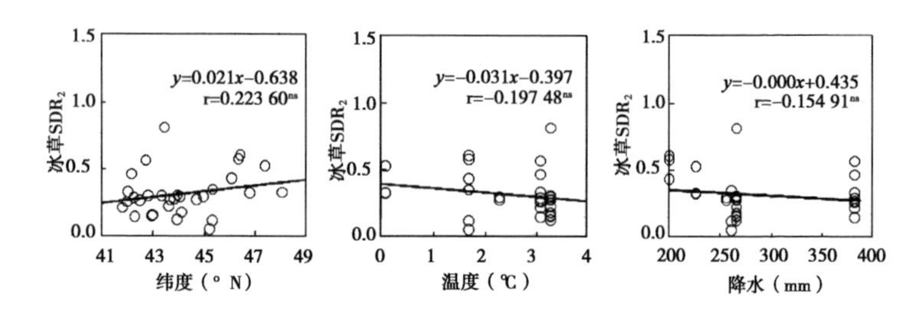

图 5.12　冰草 SDR_2沿纬度·温度·降水梯度的变化

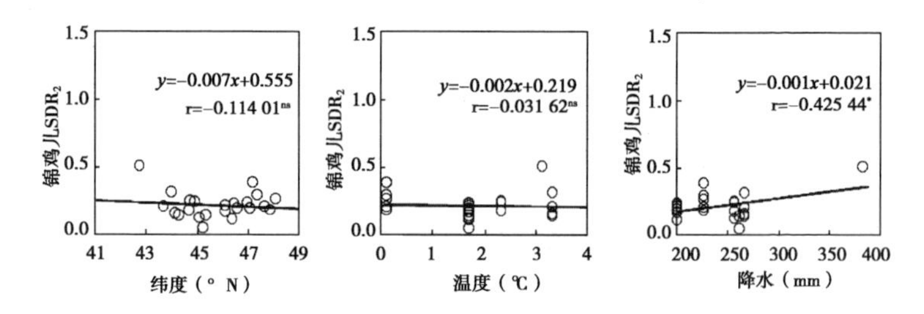

图 5.13　锦鸡儿 SDR_2沿纬度·温度·降水梯度的变化

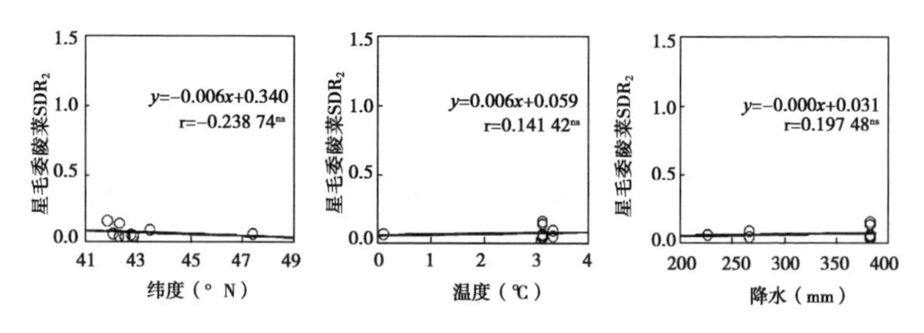

图 5.14　星毛委陵菜 SDR_2沿纬度·温度·降水梯度的变化

（7）植物综合优势比和年均温及降水量之间的回归分析。中蒙典型草原带的克氏针茅（*S-SDR*）、羊草（*L-SDR*）、糙隐

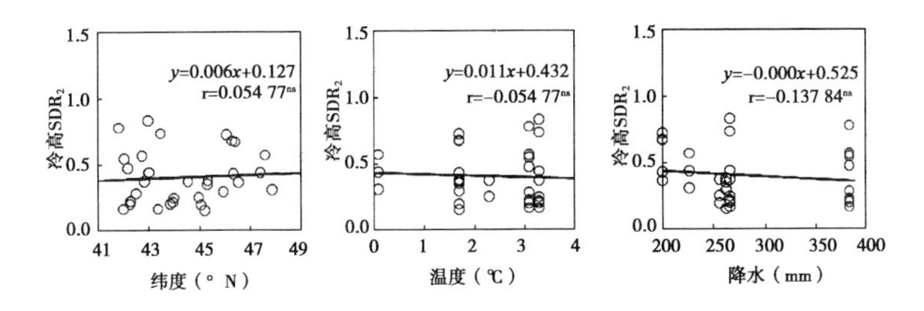

图 5.15　冷蒿 SDR_2沿纬度·温度·降水梯度的变化

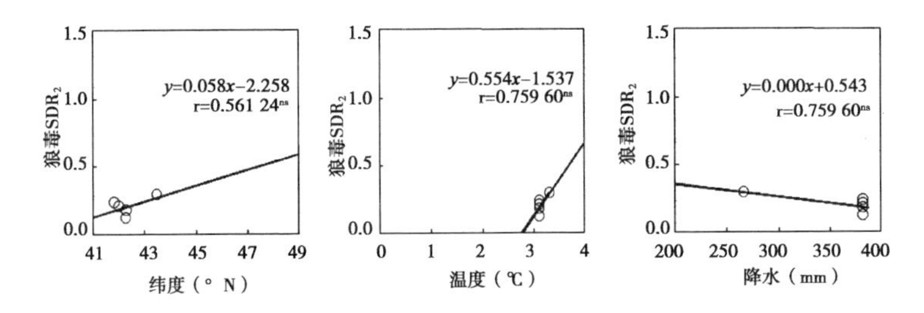

图 5.16　狼毒 SDR_2沿纬度·温度·降水梯度的变化

子草（*C-SDR*）、冰草（*A-SDR*）、小锦鸡儿（*CM-SDR*）、冷蒿（*AF-SDR*）、星毛委陵菜（*P-SDR*）、狼毒（*SC-SDR*）植物在群落中的综合优势比与年均温（*t*），降水量（*p*）之间的回归方程为：

$S\text{-}SDR = 0.63662 - 0.04937t + 0.00112p$，$R = 0.12903$，$p<0.050$；

$L\text{-}SDR = 0.57682 + 0.07916t - 0.00068p$，$R = 0.15555$，$p<0.050$；

$C\text{-}SDR = 0.50897 - 0.03937t - 0.00023p$，$R = 0.11314$，$p>0.050$；

$A\text{-}SDR = 0.43905 - 0.02547t - 0.00020p$，$R = 0.04336$，

$p>0.050$;

$CM-SDR=-0.06671-0.02997t+0.00139p$，$R=0.26706$，$p<0.050$;

$AF-SDR=0.52764-0.00782t-0.00050p$，$R=0.02058$，$p>0.050$;

$P-SDR=0.03215+0.00190t+0.00011p$，$R=0.04083$，$p>0.050$;

$SC-SDR=0.54378+0.00000t-0.00095p$，$R=0.57794$，$p>0.050$;

根据方差分析结果表明，中蒙典型草原带的优势植物克氏针茅和羊草在群落中的综合优势比与年均温度和年降水量之间的回归效果显著。豆科灌木小叶锦鸡儿在群落中的综合优势比与年均温，降水量之间的回归效果显著。

在克氏针茅回归方程中，年降水量的 t 统计量的 P 值为 0.016 23，小于显著性水平 0.05，因此，该项的自变量年降水量与克氏针茅在群落中的综合优势比正相关，这说明年降水量为正效应，说明目前该区域如果年降水量增加会促进克氏针茅在群落中的地位。在羊草回归方程中，年均温度的 t 统计量的 P 值为 0.010 87，小于显著性水平 0.05，因此，该项的自变量年均温度与羊草在群落中的综合优势比正相关，这说明年均温度为正效应，说明目前该区域如果年均温度升高会促进羊草在群落中的地位。在小叶锦鸡儿回归方程中，年降水量的 t 统计量的 P 值为 0.013 94，小于显著性水平 0.05，因此，该项的自变量年降水量与小叶锦鸡儿在群落中的综合优势比正相关，这说明年降水量为正效应，说明目前该区域如果年降水量升高会促进羊草在群落中的地位。草原植物群落伴生种冰草和草原退化指示植物、冷蒿、星毛委陵菜、狼毒在群落中的综合优势比与年均温，降水量之间回归效果不显著。

5.3 中蒙典型草原带植物群落多样性变化

中蒙典型草原带植物物种多样性 Shannon-Wiener 多样性指数和纬度之间具有极显著的负相关关系（$P<0.01$），Shannon-Wiener 多样性指数和年均温度之间具有极显著的正相关关系（$P<0.01$），Shannon-Wiener 多样性指数和年降水量之间具有显著的正相关关系（$P<0.05$），随纬度升高物种多样性呈显著减少趋势，而随温度和降水量增加，中蒙典型草原带植物物种多样性呈显著递增趋势（图 5.17）。

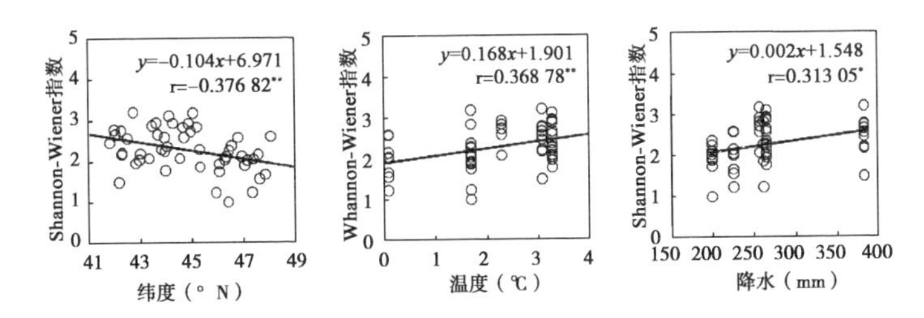

图 5.17　物种多样性指数沿纬度 · 温度 · 降水梯度的变化

植物物种多样性指数和年均温度及年降水量之间的回归分析，植物物种多样性指数（ISD）与年均温（t），降水量（p）之间的回归方程为：

$ISD = 1.641\ 009 + 0.128\ 376t + 0.001\ 303p$，$R = 0.151\ 84$，$p<0.050$

根据方差分析结果表明，中蒙典型草原带植物物种多样性与年降水量和年均温度之间的回归效果显著，年均温度和年降水量与植物物种多样性呈正相关。这说明年均温度和年降水量为正效应，说明目前该区域如果年均温度和年降水量上升时会促进草原植物物种多样性。

5.4 中蒙典型草原带植物群落生物量变化

群落地上生物量随纬度升高而降低，生物量和纬度之间具有显著的负相关关系（$P<0.05$），生物量和年均温度之间无显著的关系（$P>0.05$），生物量和年降水量之间具有极显著的正相关关系（$P<0.01$）（图 5.18）。

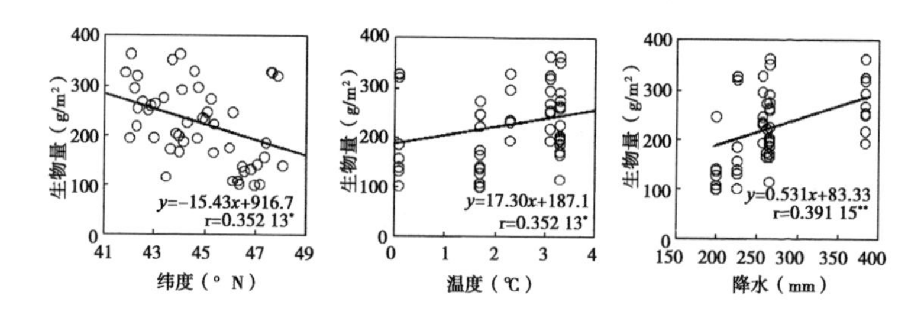

图 5.18　群落生物量沿纬度·温度·降水梯度的变化

群落生物量和年均温度及年降水量之间的回归分析，群落生物量（B）与年均温（t），降水量（p）之间的回归方程为：

$B=84.52092+1.63717t+0.51329p$，$R=0.15417$，$p<0.050$

根据方差分析结果表明，中蒙典型草原带群落生物量与年降水量和年均温度之间的回归效果显著，年均温度和年降水量与群落生物量呈正相关。这说明年均温度和年降水量为正效应，其中，在回归方程中，年降水量的 t 统计量的 P 值为 0.025 612，小于显著性水平 0.05，说明目前该区域如果年均温度和年降水量上升时会促进草原群落生物量，特别是年降水量增多时生物量会显著递增。

5.5 研究结果与讨论

一般认为，位于中高纬度的干旱半干旱地区，增温与降水的波动将成为威胁生物多样性、初级生产力及群落结构的一个主要因素。而众多的中高纬度的干旱半干旱地区植物种类经过长期的进化，形成了独特的适应方式，形成的植物多样性对维系草原生态系统的稳定性起到了重要作用。而事实上，气候变暖改变草原生态系统物种组成和群落结构，对植物多样性的维系既有正面也有负面影响。温度升高可以导致物种的迁移，从而在某种程度上增加物种多样性。本研究表明，中蒙典型草原带植物物种多样性和纬度之间具有极显著的负相关关系，植物多样性和年均温度和年降水量之间具有极显著的正相关关系，随纬度降低，温度和降水量增加，中蒙典型草原带植物物种多样性也呈现出显著递增趋势。中蒙典型草原带的样方内共观察到 140 种植物，并在北部的蒙古国境内发现了豆科黄芪属的草原黄芪，该种在中国内蒙古草原已经灭绝，40 多年前就已经消失，在我国境内最近采集到的是 1948 年时的标本。这些物种绝灭的原因还有待进一步探讨。

生活型是植物通过对环境条件长期适应，在其生理、结构、尤其是外部形态上的一种适应性表现。植物生活型的地理格局，反映植物群落物种组成在经度、纬度或海拔梯度上的变化规律，是水分、热量及水热综合作用的结果。众多研究发现，随着纬度和海拔的增加，高位芽植物和一年生植物比例逐渐减小，地面芽植物、地下芽植物相应地增多。本研究中，在中蒙典型草原带的优势科属中禾本科、菊科和豆科植物与纬度及水热等环境因素无显著的相关性，但具有地下的芽百合科植物随温度升高纬度降低表现出显著的递增趋势，随降水量减少藜科植物也表现出降低趋势。在以往研究中，随纬度和海拔的增加温度的降低，地下芽植物会更具适应性，而本研究中随纬度降低和温度增加，百合科植物的地下芽在环境相对稳定的土壤环境中更具有生存竞争力。

气候变暖也会导致植物种间关系发生改变，最终影响植物群落及生态系统。有学者认为，不同物种对气候变暖响应机制的异质性可能会打破经过长期进化的适应关系及群落的平衡和稳定。研究表明，中蒙典型草原优势植物克氏针茅在群落中的综合优势比随纬度、温度、降水梯度均无明显变化。而羊草在群落中的综合优势比，随纬度和温度的变化表现出显著的差异，糙隐子草也表现出与羊草相同的变化趋势。冰草作为典型草原群落重要的伴生种在群落中的综合优势比，随纬度、温度、降水梯度均无明显变化。在典型草原植被中豆科植物小叶锦鸡儿具有重要景观作用，但典型草原趋于沙质化和砾石化时常混生许多小叶锦鸡儿成为灌丛化草原。在本研究区内小叶锦鸡儿在群落中的综合优势比随纬度升高和温度降低均无显著变化，但与降水梯度之间具有显著的相关性。冷蒿在典型草原中往往形成优势成分，在重度利用的草原上也会演替为占优势的次生群落，星毛委陵菜和狼毒作为草原退化指示植物具有重要指示作用。中蒙典型草原带内由南到北，随纬度、温度、降水的变化上层优势植物针茅无显著变化，而中下层优势植物羊草和糙隐子草有显著变化，可以推测中下层植物对温度变化更为敏感。

草原主要豆科灌木锦鸡儿属植物对具有很好的适应性。由于本研究选择的样地以原始和扰动较小的群落为主，因此，草原退化指示植物冷蒿、星毛委陵菜、狼毒在纬度梯度上的变化不显著，星毛委陵菜主要集中于样带的南端，中部的典型草原核心地区几乎没有分布。而狼毒也只分布于样带的南部少数样地，中蒙草原南部的退化程度高于北部，可能与不同地区土地利用强度的关系更为密切。在本研究中，也表现出不同物种对气候变暖响应的种间及空间上的异质性。随温度胁迫程度的增加，中蒙典型草原生态系统物种间的关系是否由协作转变为中性以致竞争，有待于进一步探讨。这种气候变暖引起的物种多样性及种间关系的变化势必影响草原生产力。有研究表明，气候变暖引起了全球范围内植物生物量的持续增加。温度的小幅增加将导致21世纪前50年间，温带及高纬度地区植物平均生产量增加，而半干旱和热带地区植物平均生物量则呈现减少的趋势。但21世纪后期，温度的持续增加将会对上述所有区域的生物量产生负面影响。本研究中，中蒙典型草原群落地上生物量随纬度升高而降低，生物量和纬度之间具有显著的负相关关系，生物量和年均温度之间无显著的关系，生物量和年降水量之间具有极显著的正相关关系。生物量和纬度之间虽然具有极显著的相关性，但年均温度对群落生物量无显著影响。未来持续的增温背景下，中蒙典型草原生态系统初级生产力的变化趋势有待于通过动态定位监测进一步了解。

通过对中蒙典型草原带比较研究，发现气候变化背景下，中蒙典型草原带群落地上生物量、物种多样性及群落结构受到的明显影响，而且这种空间格局的改变及空间异质性变化趋势必影响未来欧亚温带草原东缘地区的演变，应引起我们的高度关注，以便及早制定应对策略。

（1）中蒙典型草原带内，占据优势的禾本科和菊科植物，以及豆科植物在群落内的比例均与纬度、年均温度、年降水量等因素无显著的相关性。在其他科属中百合科植物在各样地群落中的所占的比例与年均温度梯度有显著的相关性。藜科物在各样地群落中的所占的比例和年降水量有显著的相关性。在中蒙典型草原带中植物生活型和纬度、温度、降水梯度之间均无显著的相关性。

未来全球气候变暖趋势可能改变百合科植物在群落中地位，促进百合科在中蒙典型草原群落中比例。当中蒙典型草原降水量减少，趋于干旱化时会促进藜科植物在群落中比例。

（2）中蒙典型草原优势植物克氏针茅在群落中的综合优势比与纬度、年均温度、年降水量等环境因素之间无显著相关性。而羊草在群落中的综合优势比，随纬度和年均温度的变化表现出显著的差异，糙隐子草也表现出与羊草相同的变化趋势。其他伴生种在群落中综合优势比和纬度、年均温度、年降水量之间均无显著的相关性。

未来全球气候变暖趋势可能改变中蒙典型草原群落中羊草的地位，促进羊草生长具有正面效应，对糙隐子草的生长具有负面效应。

（3）中蒙典型草原带植物物种多样性和纬度之间具有极显著的负相关关系，植物多样性和年均温度和年降水量之间具有极显著的正相关关系，随纬度降低，年均温度和年降水量增加，中蒙典型草原带植物物种多样性也呈现出显著递增趋势。

未来全球气候变暖趋势可能对中蒙典型草原生态系统的物种多样性有正面作用。

（4）中蒙典型草原带群落地上生物量随纬度升高而降低，生物量和纬度之间具有显著的负相关关系，生物量和年均温度之间无显著的关系，生物量和年降水量之间具有极显著的正相关关系。

未来全球气候变暖趋势可能对中蒙典型草原生态系统的群落生物量有正面作用，其中降水的变化会对群落生物量作用更显著。

6 中蒙典型草原带克氏针茅形态特征与环境因子关系

以气候变暖为主的全球气候变化对陆地生态系统造成的影响以及由此引发的各种环境问题，已经引起了全社会的广泛关注。包括大气 CO_2观测记录、遥感资料、植物地面观测、动态模拟等研究表明全球气候变暖正在影响着植物形态生长。植物往往以遗传分化和表型可塑适应异质环境，遗传分化主要是一种基因型对策，植物形态表形可塑则是植物个体水平上对异质环境的适应对策。植物的这种在形态特征及种子繁殖对策研究是涉及植物的适应与进化等诸多的生态学研究领域。植物适应与进化草原植物得以再生补充的前提，是保证植物种群稳定、草原植物群落健康和生物多样性维持的关键。植物通过自身适应和进化应对各种自然和人为干扰因素及其所造成的资源环境、生态过程、生态格局改变。开展草原优势植物形态特性研究，探索植物对不同生态（气候）及人为干扰的适应对策，揭示其应对机理，对于建立科学的草地资源管理和放牧制度，维护草地生物多样性和生产力水平，保持草地的可持续利用以及退化草地的生态恢复具有重要的科学和实践意义。

目前，中国学者在典型草原主要植物形态特征方面开展了大量的工作，有力地推动了中国草原生态学的发展。典型草原主要植物返青、开花、生长及繁殖等特征对全球变暖的响应研究正成为一个新的热点领域。从植物开花、结果、种子形成及幼苗生长，整个生活史都要受温度的控制。但是，往往仅针对某个区域草原植物形态特征短期的季节性变化、年度变化的定位观测结果，来推测未来气候变暖背景下的演变趋势还存在局限性，主要是缺乏对中国北方典型草原主要植物形态特征及其变化的整体认识。另外，中国的温带典型草原区无高山，属于波状高平原，很难找到典型草原对全球变暖响应理想场所，而中蒙典型草原从中国暖温带一直分布到蒙古国寒温带，利用受人类直接活动的影响相对较小的草原样地，便于直接研究气候变化对植物造成的影响。中蒙典型草原的健康稳定对于区域生态平衡和地区经济可持续发展发挥着至关重要的影响。而群落主要建群种植物的形态特性也将随着土壤、降雨以及热量等生态因子的地带性变化表现出适应性响应。克氏针茅是中蒙典型生态系统中最主要的建群植物，其形态特征在大尺度上的地带性变异，将为揭示该植物对气候变化的响应提供了绝好的研究场所。本项目以中蒙典型草原带为依托，对中蒙典型草原不同纬度带草地的主要建群种植物克氏针茅形态特性进行了系统调查，并结合生态气候因子沿纬度梯度的空间变异，探索了该物种空间变异规律与水热因子间的关系。

克氏针茅（*Stipa Krylovii* Roshev.）达乌里蒙古种（图 6.1），旱生丛生禾草，高 40～60cm。以克氏针茅为优势种的克氏针茅群系是中蒙典型草原带分布最广的草原群落。在中国内蒙古主要分布于呼伦贝尔西部和锡林郭勒草原，在蒙古人民共和国主要分布于东方省、苏赫巴托省、肯特省、中央省等地区。克氏针茅群系包括以下几个群丛组和亚群系：克氏针茅、糙隐子草草原，克氏针茅、羊草草原，克氏针茅、冷蒿草原，克氏针茅、灌丛草原。其中分布最稳定也是分布最广的类型是克氏针茅、糙隐子草草原。在蒙古高原大面积的分布集中于内蒙古中部及蒙古国东南部，研究克氏针茅与气候变暖之间的相互关系以及对气候变暖的响应与适应，对预测欧亚温带草原东缘典型草原主要植物在未来气候变暖条件下的变化具有重要意义。

图 6.1 克氏针茅（摄影位置在蒙古国境内 N 47.18°，E 112.12°）

6.1 研究方法和数据来源

研究内容：本项目通过调查中蒙典型草原带建群种克氏针茅种群的生物学和生态学特征，结合不同纬度地区的气候和环境因子的历史资料数据，研究其形态特征的空间变化规律，分析探讨了其对不同生境条件的适应性响应的生态机制。主要研究内容如下。①克氏针茅形态特征沿纬度梯度的空间变化；②克氏针茅形态特征沿温度梯度的变化；③克氏针茅形态特征沿降水梯度的变化。④克氏针茅形态特征与环境因子间相关性。

研究方案：考察路线从中国内蒙古锡林郭勒草原南端经蒙古

国苏赫巴托省、肯特省及东方省的典型草原区。用全球定位系统定位经纬度，用海拔表测定高程，记录该点所属的植被类型及土地利用状况，沿1 000km样带上选择29个代表性样地。针茅种群调查每个样地设置3个1m×1m的样方，各样方间隔距离大于50m。在每个样方内调查针茅的株丛数以及单个株丛的繁殖（抽穗）枝数。每个样地居群内随机选取30～40个针茅株丛，测量每一株丛的丛围、繁殖枝数、繁殖枝高度以及种子大小和芒长等性状。样地选择：分布均匀，受干扰程度轻（如围栏中）。样方中株丛计数：株丛基部中心处于样方圈以内（包括压线者）。株丛围：测量株丛基部直径，不同方向测3次。繁殖枝计数：繁殖枝抽穗露尖者全计。繁殖枝高度：株丛基部至抽穗节的高度，成熟枝测3枝（只有1～2个成熟枝的测1～2枝）。种子长：不包括芒，用电子游标卡尺测量。芒长：即种子和芒的全长。

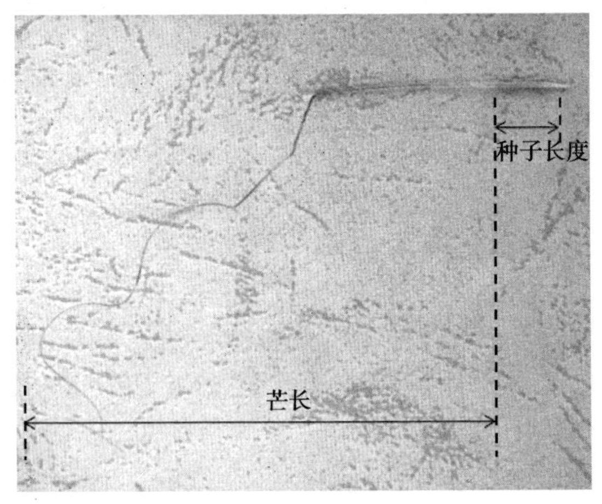

图6.2　克氏针茅的种子和芒

气象数据由中国内蒙古自治区气象局和蒙古国气象水文研究所提供。利用研究区域内沿纬度梯度分布的6个代表性气象站

1990—2009 年的气象数据计算其平均气温和年降水量。中蒙典型草原克氏针茅形态特征：密度（*PD*）、高度（*PH*）、幅（*BD*）、生殖枝（*BS*）、种子长度（*SL*）、芒长（*AL*）和年平均温度（*t*）、年降水量（*p*）之间做回归分析。借助 Excel 和 SAS8.0 统计分析软件对数据进行统计分析，解析密度（*PD*）、高度（*PH*）、幅（*BD*）、生殖枝（*BS*）、种子长度（*SL*）、芒长（*AL*）和年平均温度（*t*）、年降水量（*p*）之间的关系。

研究区域气象数据：沿纬度梯度分布的 6 个代表性气象站的间距基本相等（图 6.3），各气象台站 2000—2009 年近十年的年均气温比 1990—1999 年相比分别上升 0.2℃、0.2℃、0.7℃、0.4℃、0.4℃、0.3℃，年降水量分别减少 72mm、71mm、84mm、74mm、98mm、32mm（表 6.1，表 6.2）。

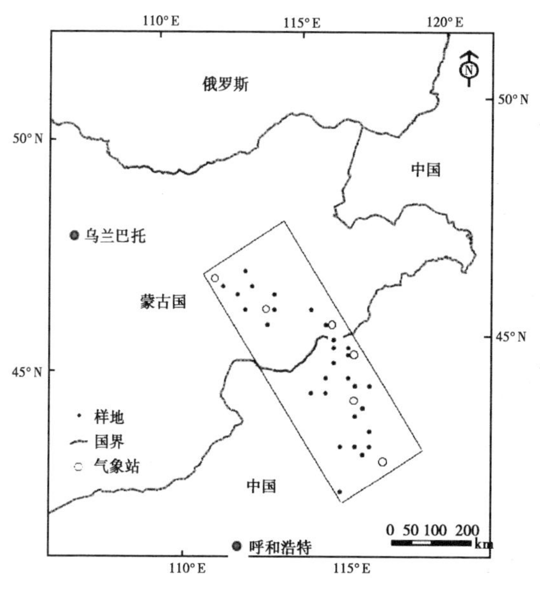

图 6.3　气象台站与样地示意图

表 6.1 各气象台站年均气温变化速率

气象站	中国 多伦 (N 42.18°, E 116.48°)	中国 锡林浩特 (N 43.57°, E 116.03°)	中国 东乌珠 穆沁旗 (N 45.53°, E 116.97°)	蒙古国 Eredenne- tsgaan (N 45.90°, E 115.36°)	蒙古国 西乌日图 (N 46.81°, E 113.39°)	蒙古国 Ondorhaan (N 47.26°, E 110.71°)
1990—1999 年 〔Ⅰ〕 年均气温（℃）	3.0	3.3	2.0	1.5	1.5	0.0
2000—2009 年 〔Ⅱ〕 年均气温（℃）	3.2	3.5	2.7	1.9	2.0	0.3
〔Ⅱ〕-〔Ⅰ〕	+0.2	+0.2	+0.7	+0.4	+0.5	+0.3

表 6.2 各气象台站年降水量变化速率

气象站	中国 多伦 (N 42.18°, E 116.48°)	中国 锡林浩特 (N 43.57°, E 116.03°)	中国 东乌珠 穆沁旗 (N 45.53°, E 116.97°)	蒙古国 Eredenne- tsgaan (N 45.90°, E 115.36°)	蒙古国 西乌日图 (N 46.81°, E 113.39°)	蒙古国 Ondorhaan (N 47.26°, E 110.71°)
1990—1999 年 〔Ⅰ〕 年降水量（mm）	420	311	301	305	250	247
2000—2009 年 〔Ⅱ〕 年降水量（mm）	348	240	217	231	152	205
〔Ⅱ〕-〔Ⅰ〕	-72	-71	-84	-74	-98	-32

6.2 克氏针茅形态特征沿纬度梯度变化

克氏针茅种群密度随纬度的变化见（图 6.4 A），克氏针茅种群密度与纬度间呈显著的负相关（$P<0.01$），克氏针茅种群密

度平均值：南部中国境内［（26±19）株/m^2 $CV=0.73$］>北部蒙古国境内［（8±4）株/m^2 $CV=0.50$］，地区之间存在显著差异（$P<0.01$）。中国境内的克氏针茅的密度的变异大于蒙古国克氏针茅种群，变异系数分别为73%和50%。

克氏针茅丛围的直径随纬度的变化见（图6.4 B），克氏针茅丛围的直径与纬度间呈显著的正相关（$P<0.01$），各样地克氏针茅丛围的直径平均值：南部中国境内［（6±1.15）cm $CV=0.19$］<北部蒙古国境内［（9±3.02）cm $CV=0.34$］，地区之间存在显著差异（$P<0.01$）。中国境内的克氏针茅丛围的直径的变异小于蒙古国克氏针茅种群，变异系数分别为19%和34%。

克氏针茅株高随纬度的变化见（图6.4 C），克氏针茅株高与纬度间呈显著的正相关（$P<0.01$），各样地克氏针茅株高的平均值：南部中国境内［（33±14.73）cm $CV=0.45$］<北部蒙古国境内［（60±9.91）cm $CV=0.17$］，地区之间存在显著差异（$P<0.01$），中国境内的克氏针茅高度变异大于蒙古国克氏针茅种群，变异系数分别为45%和17%。

样带克氏针茅种群繁殖枝，种子长度及芒针长度随纬度的变化见（图6.4 D、E、F）克氏针茅种群繁殖枝，种子长度及芒针长度与纬度间无显著的相关关系，其平均值也无地区间的差异。克氏针茅种群繁殖枝，种子长度和芒针长度平均值：南部中国境内繁殖枝个数（12±5）株/m^2 $CV=0.41$，种子长度（1±0.03）cm、$CV=0.03$，芒针长度为（16±1.90）cm、$CV=0.12$，北部蒙古国境繁殖枝个数（12±14）株/m^2 $CV=1.1$，内种子长度（1±0.03）cm、$CV=0.03$，芒针长度为（16±1.41）cm、$CV=0.09$。中蒙典型草原带不同地区间，克氏针茅种子长度和芒针长度的变异系数非常小。

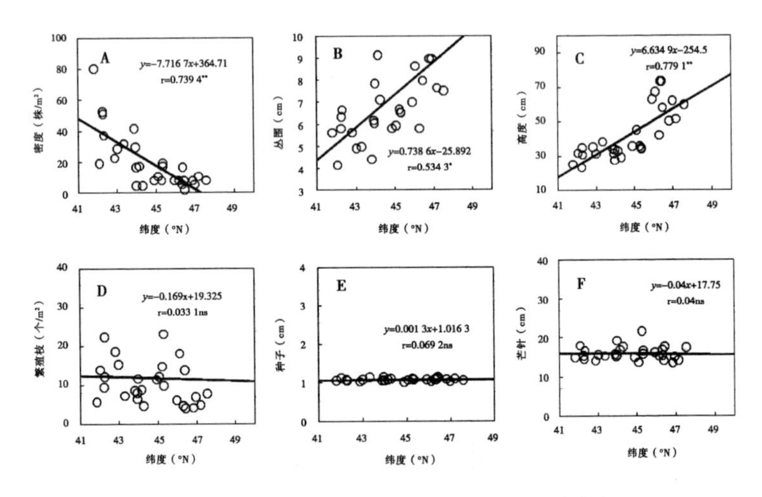

图 6.4　克氏针茅形态特征沿纬度梯度的变化

6.3　克氏针茅形态特征沿温度梯度变化

克氏针茅种群密度随年均温度的变化见（图 6.5 A），克氏针茅种群密度与年均温度间呈显著的正相关（$P<0.01$），克氏针茅种群高度与年均温度间呈显著的负相关（$P<0.01$）（图 6.5 B），克氏针茅丛围和繁殖枝与年均温度间无显著的相关（$P>0.01$）（图 6.5 C、D），种子长度和芒针长度等与年均温度间无显著的相关（$P<0.01$）（图 6.5 E、F），相关系数较低。

6.4　克氏针茅形态特征沿降水梯度变化

克氏针茅种群密度与年降水量间呈极显著的正相关（$P<0.01$）（图 6.6 A），克氏针茅种群高度与年降水量间呈极显著的

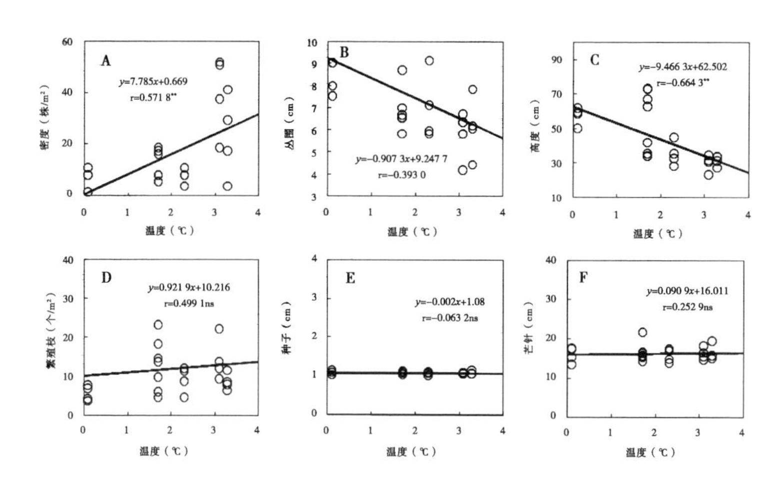

图 6.5 克氏针茅形态特征沿温度梯度的变化

负相关（$P<0.01$）（图 6.5 C），克氏针茅丛围和与年降水量间呈显著的负相关（$P<0.05$）（图 6.5 B），繁殖枝、种子长度和芒针长度等与年降水量间无显著的相关（$P>0.05$）（图 6.5 D、E、F）。

6.5 克氏针茅形态特征和年均温度及年降水量的回归分析

中蒙典型草原区克氏针茅形态特征，密度（PD）、高度（PH）、幅（BD）、生殖枝（BS）、种子长度（SL）、芒长（AL）和年平均温度（t）、年降水量（p）之间回归方程如下；

$$PD = -32.871\ 5+2.230\ 53t+0.168\ 87p,\ R=0.609\ 63;\ p<0.05 \qquad 式（6.1）$$

$$BD = 13.694\ 77+0.057\ 43t-0.023\ 91p,\ R=0.299\ 68;\ p<0.05 \qquad 式（6.2）$$

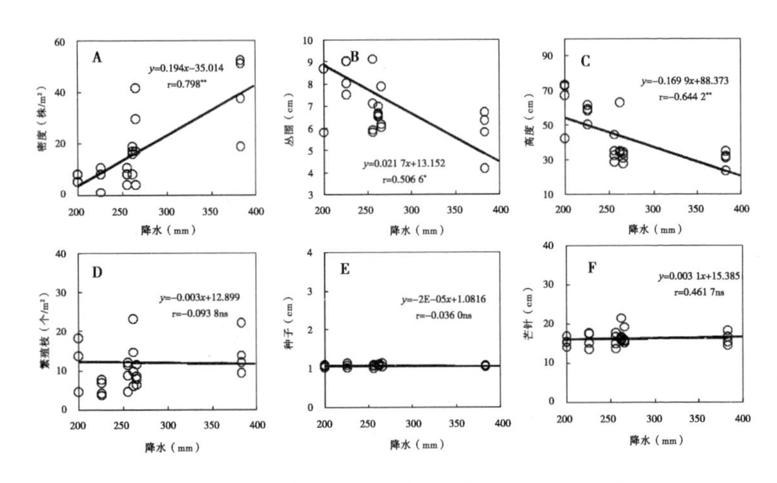

图 6.6　克氏针茅形态特征沿降水梯度的变化

$PH=88.113\,69-4.527\,1t-0.130\,54p$，$R=0.557\,70$；$p<0.001$ 　式（6.3）

$BS=15.370\,25+2.343\,01t-0.030\,59p$，$R=0.045\,66$；$p>0.050$ 　式（6.4）

$SL=1.066\,42-0.012\,31t+0.000\,11p$，$R=0.139\,14$；$p>0.050$ 　式（6.5）

$AL=15.193\,65+0.104\,77t+0.002\,14p$，$R=0.015\,33$；$p>0.050$ 　式（6.6）

根据方差分析结果表明，克氏针茅形态特征，密度、高度、幅宽与年降水量和年均温度之间的回归效果显著。生殖枝、种子长度、芒长与年降水量和年均温度之间的回归效果不显著。在回归方程式（6.1）、式（6.2）和式（6.3）中，年降水量的 t 统计量的 P 值分别为 0.000 828、0.023 526和 0.011 857，小于显著性水平 0.05，因此，该项的自变量年降水量与克氏针茅形态特征的密度、高度、幅宽具有显著相关。这说明年降水量是影响克氏针茅种群密度、高度、幅宽的主要限制因子，而与繁殖特性有关的性状繁殖枝、种子长度和芒长等不受年降水量和年均温度的影响，具有很好的稳定性。

植物性状受其本身遗传与所处生态环境的影响，既有变异性又具稳定性。研究认为植物形态变异虽具有一定的遗传基础，但环境压力在导致形态变异中也起着重要的作用。植物很难处于生长发育最适的环境条件，无论是气候变化，还是植物生育环境，总是对植物个体产生或大或小的差异。本书分析结果表明，空间地理分布，年均温度和年降水量等环境因子对克氏针茅个体形态特征均有显著影响，但是对克氏针茅繁殖枝及种子形态特征无显著影响，种子长度和芒针长度等表现出遗传上的高度稳定性。低温高纬地区（中国）的克氏针茅比高温低纬度地区（蒙古国）相比较克氏针茅个体的丛幅变小，株高变矮，但是个体密度显著增加。根据克氏针茅形态特征和年均温度及年降水量的回归分析结果表明，年降水量成为影响克氏针茅种群密度、高度、幅宽的主要限制因子。而繁殖枝、种子长度和芒长等与种子相关形态不受年降水量和年均温度的影响，具有很好的稳定性。

6.6　小结

（1）克氏针茅在大空间尺度上，其个体形态特征具有显著的差异，但与种子有关的形态特征具有遗传上的稳定性。

（2）温度对克氏针茅个体形态特征具有显著的影响，但对种子的形态特征无影响。

（3）降水量对克氏针茅个体形态特征具有显著的影响，但对种子的形态特征无影响。

（4）据推测未来全球气候变暖背景下，降水有可能成为影响中蒙典型草原带克氏针茅个体形态特征的重要限制因子。

7 中蒙典型草原带植物生态化学计量学特征

碳、氮、磷是植物是实现生态系统初级生产力的物质基础，同时也是陆地生态系统生产力的主要限制因子。生境（包括 C、N、P）的异质性增加了植物在生长、发育和繁衍以及种群维持等方面的复杂性，是一种综合的自然选择压力，因此在长期生物进化过程中可能形成了有效利用异质性环境的植物适应特征组合，即植物适应对策。全球地表气温的最新分析表明，在过去 100 年中平均上升 0.6℃，一般而言，北半球中、高纬度地区比低纬度地区增温快。上升幅度最显著的是中高纬度地区，不断加剧的气候变化，会对北方陆地生态系统产生重大影响。这种前所未有的全球气候变化进程和人为干扰（如过度放牧、樵采、施肥、农耕等）下，碳、氮、磷等元素的生物地球化学循环和重要物种的综合适应对策的响应将深刻地影响中蒙温带草原东缘生态系统生产力和可持续发展。然而我们对这两方面的认识，还十分有限。中蒙温带典型草原生态系统的主要驱动因子是热量和土地利用强度。而且位于中高纬度对全球变化较为敏感的区域，南北长约 1 000km。经向跨国界连片分布，从大区域上构成完整的热量和人为利用等梯度，是欧亚温带草原生态系统全球变化响应研究的理想区域。对于中蒙温带草原带上的主要植物生态化学计量学特征研究，将加深对变化环境条件下的生物地球化学循环和典型草原物种适应对策的理解更加深入。

然而，由于降雨和热量的时间空间分布的异质性，普遍认为利用方式及强度的差异，使 N、P 常常成为陆地生物多样性和生态系统功能的限制性因素，还会通过影响生物多样性和生态系统生产力进而影响草地生态系统的可持续利用。只有在碳、氮、磷等元素的全球循环过程被充分认知以后，才可能在解决有关全球性生态环境问题的行动中做出及时的、正确的决策。全球环境问题和环境科学的发展要求生物地球化学循环研究更加重视大尺度的、长期的、多因子综合实验研究，从而深刻地理解控制生物地球化学循环的基本过程。生态化学计量学，作为研究生态相互作用中能量和化学元素之间平衡关系的一门新兴学科，提供了在全球尺度上将生物地球化学过程与细胞和个体水平上的生理限制机制联系起来的综合理论框架。这一理论体系非常适合于对跨越多时空尺度、包含生命和非生命组分的生态系统的分析。而中蒙温带典型草原东缘具有独特的气候特征、地理位置，多样的生态系统，丰富的生物资源，且位于北半球中纬度敏感区域，是未来气候变化最脆弱的地区之一。但对全球气候变化对欧亚温带草原东缘核心区及过渡区植物群落及主要物种碳、氮、磷元素循环积累的影响与未来的变化趋势尚存在许多问题。主要是缺乏沿全球气候变化主要环境梯度上对欧亚温带草原东缘生态系统主要限制元素整体理解。因此，本研究在区域尺度上分析中蒙温带典型草原东缘生态系统碳、氮、磷沿环境梯度的变化规律。

7.1 研究方法和数据处理

植物取样：①群落取样：群落特征观测完毕后，将 3 号样方内地上生物量装入信封袋（布袋）带回实验室分析；②优势种取样：在 30m×30m 样块内，选取 3~5 个优势物种，剪取标准株丛地上部分 50g 左右，装入网袋（布袋）带回实验室分析。

上述样品置于 65℃ 恒温条件下烘干至恒重，粉碎后测定其碳、氮和磷含量。

植物样品分析：全氮测定用重铬酸钾-外加热法，全氮测定用半微量凯氏法，全磷用钼锑抗比色法测定。

气象数据：本研究中所使用的气象资料分为两部分，国内站点的资料来源于内蒙古气象局气象信息中心发布的地面气候资料月值数据集。国外站点资料来源于蒙古国国家气候数据中心发布的月平均资料序列，两套资料都经过较严格的质量控制，本书不再作进一步处理。

数据分析：数据的前期处理和制图是使用 Excel 进行的，后期采 SAS8.0 统计分析软件对数据进行统计分析。

7.2 植物 N/P 沿纬度·温度·降水梯度变化

中蒙典型草原带植物群落的 N/P 和纬度之间无显著相关关系，针茅的 N/P 随纬度的升高显著降低，羊草 N/P 和糙隐子草 N/P 与纬度之间无显著相关性（图 7.1）。植物群落、针茅、羊草及糙隐子草 N/P 与温度之间均无显著相关性（图 7.2）。植物群落、针茅及糙隐子草 N/P 与温度之间呈显著的正相关，随年降水量的递增呈显著上升趋势（图 7.3）。

7.3 植物 C/N 沿纬度·温度·降水梯度变化

中蒙典型草原带优势植物针茅和糙隐子草的 C/N 随纬度的升高呈极显著的递增趋势，而羊草 C/N 与纬度之间无显著相关性（图 7.4）。针茅和糙隐子草的 C/N 随温度的升高呈极显著的降低，而羊草 C/N 与温度之间无显著相关性（图 7.5）。针茅和糙隐子草的 C/N 随年降水量的增加呈显著的降低，而羊草 C/N

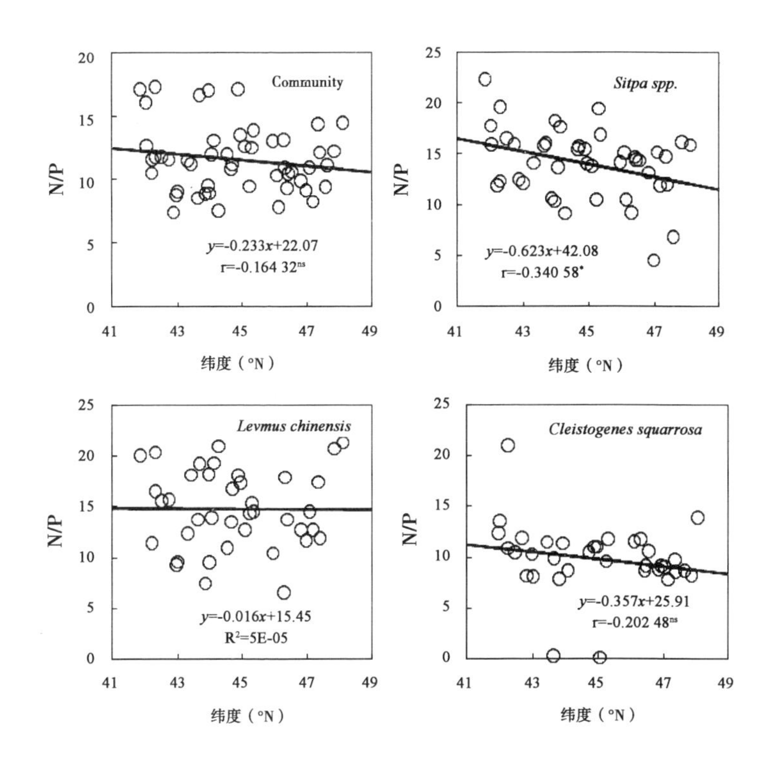

图 7.1 植物群落及优势植物 N/P 沿纬度梯度的变化

与年降水量之间无显著相关性（图 7.6）。

7.4 植物 C/P 沿纬度·温度·降水梯度变化

中蒙典型草原带优势植物针茅，羊草和糙隐子草的 C/P 与纬度、温度、降水梯度之间均无显著的相关性（图 7.7 ~ 图 7.9）。

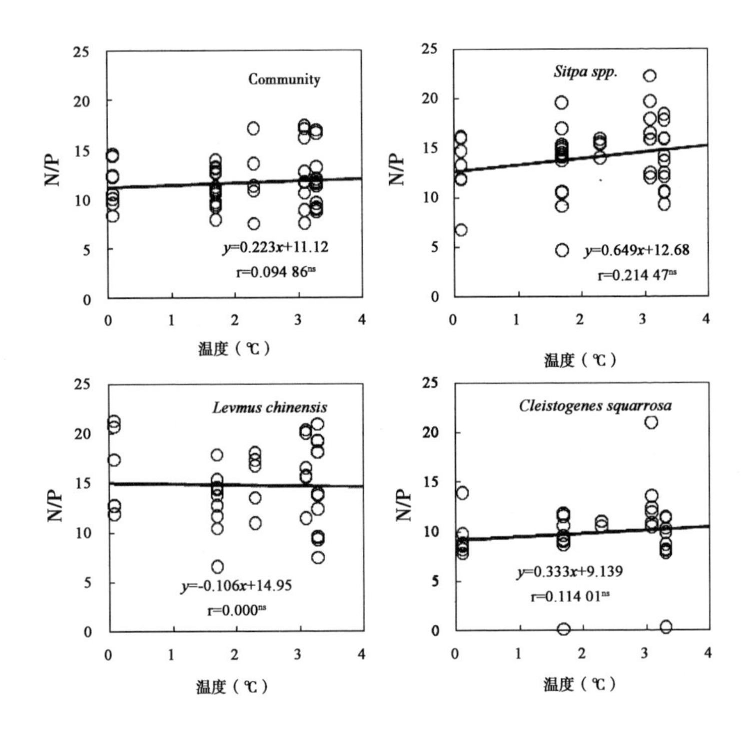

图 7.2　植物群落及优势植物 N/P 沿温度梯度的变化

7.5　植物 N/P、C/N、C/P 和年均温度及年降水量的回归分析

（1）植物 N/P 和年均温度及年降水量的回归分析。中蒙典型草原区植物群落（*PC*）、针茅（*SK*）、羊草（*LC*）、糙隐子草（*CS*）N/P 和年平均温度（*t*）、年降水量（*p*）之间回归方程如下：

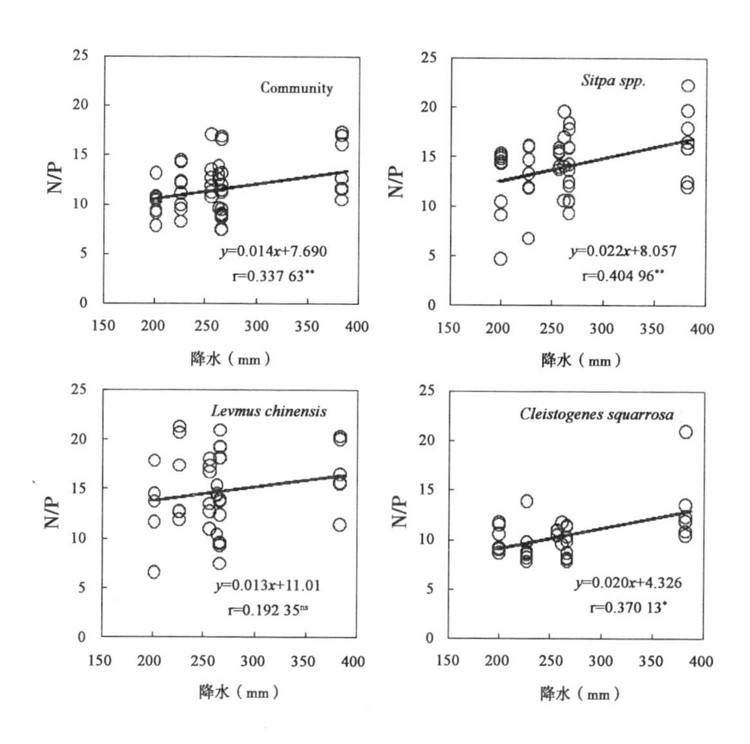

图 7.3 植物群落及优势植物 N/P 沿降水梯度的变化

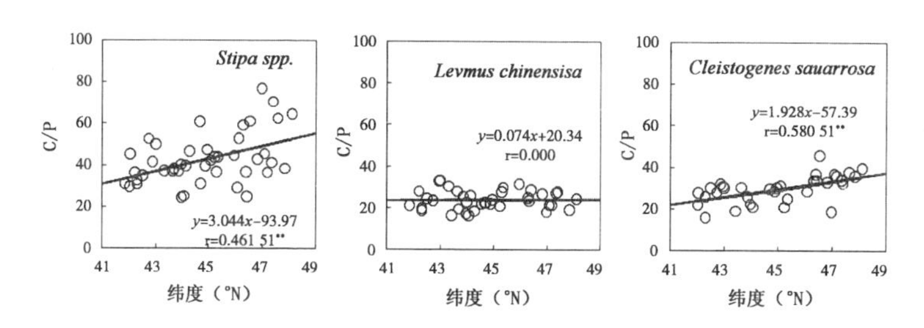

图 7.4 优势植物 C/N 沿纬度梯度的变化

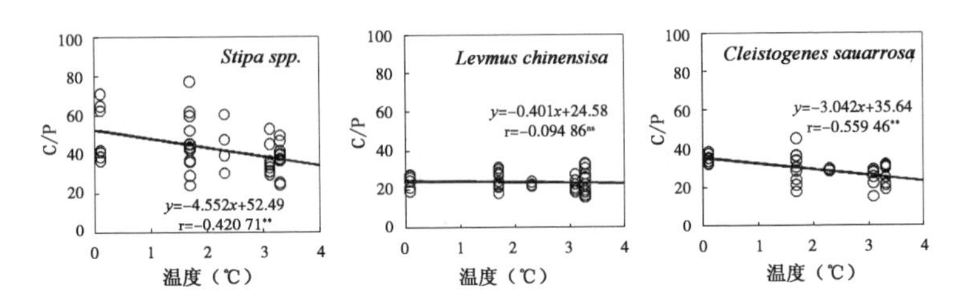

图 7.5　优势植物 C/N 沿温度梯度的变化

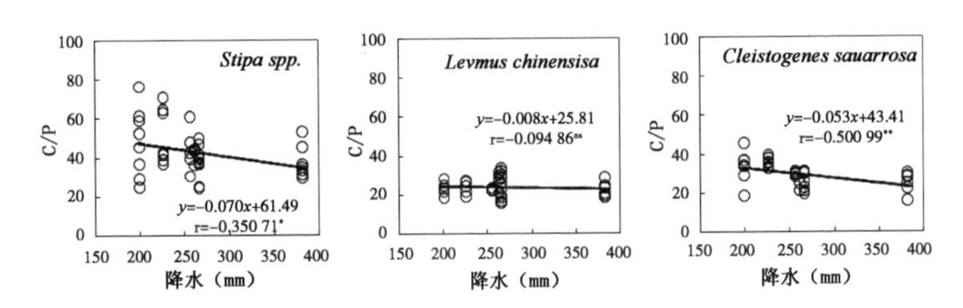

图 7.6　优势植物 C/N 沿降水梯度的变化

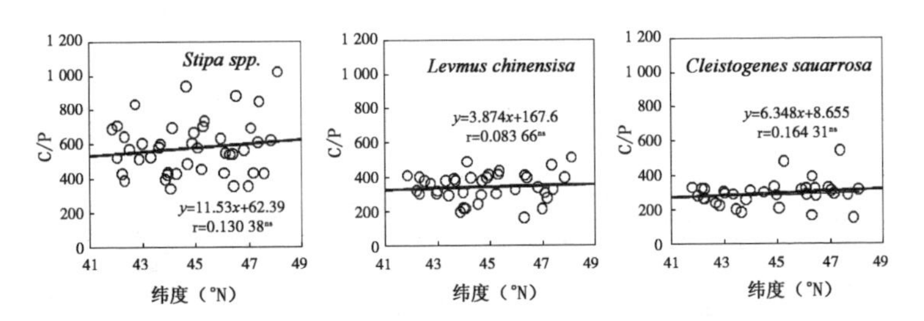

图 7.7　优势植物 C/P 沿纬度梯度的变化

$$PC = 7.325\,016 - 0.505\,99t + 0.020\,22p, \quad R = 0.146\,86; \quad p<0.05 \qquad 式（7.1）$$

$$SK = 7.982\,24 - 0.099\,45t + 0.023\,66p, \quad R = 0.164\,85; \quad p<0.05 \qquad 式（7.2）$$

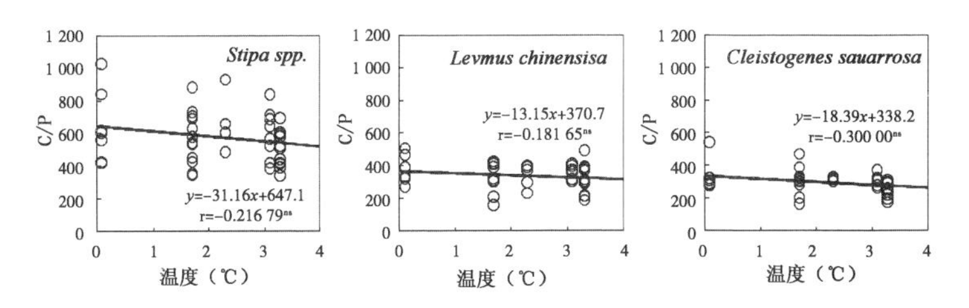

图 7.8　优势植物 C/P 沿温度梯度的变化

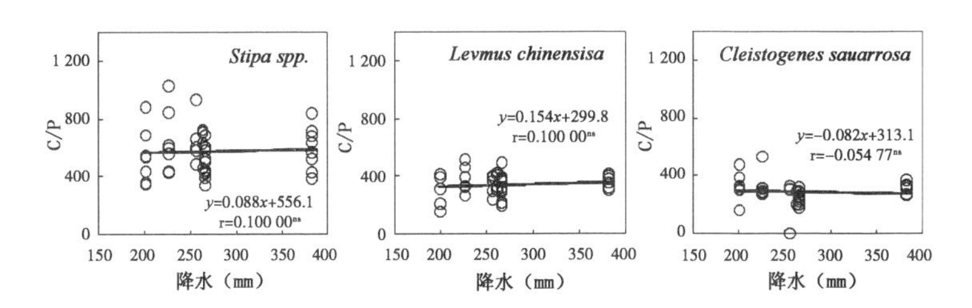

图 7.9　优势植物 C/P 沿降水梯度的变化

$$LC = 10.44282 - 0.69629t + 0.021829p,\ R = 0.06596;\ p > 0.050 \quad \text{式（7.3）}$$

$$CS = 4.85518 - 0.15845t + 0.02233p,\ R = 0.26973;\ p < 0.01 \quad \text{式（7.4）}$$

根据方差分析结果表明，植物群落、针茅、糙隐子草 N/P 与年降水量和年均温度之间的回归效果显著。羊草 N/P 与年降水量和年均温度之间的回归效果不显著。在回归方程式（7.1）、式（7.2）和式（7.3）中，年降水量的 t 统计量的 P 值分别为 0.006 982、0.022 337和 0.007 091，小于显著性水平 0.05，因此，该项的自变量年降水量与植物群落、针茅、糙隐子草 N/P 具有显著相关性。这说明年降水量是影响中蒙草原带植物群落、针茅、糙隐子草 N/P 的主要环境因子。

（2）植物 C/N 和年均温度及年降水量的回归分析。中蒙典型草原区针茅（*SK*）、羊草（*LC*）、糙隐子草（*CS*）C/N 和年平均温度（*t*）、年降水量（*p*）之间回归方程如下：

$$SK = 58.8083 - 3.54767t + 0.03174p，R = 0.193415；p < 0.05 \quad 式（7.5）$$

$$LC = 25.59678 - 0.26909t - 0.00488p，R = 0.01235；p > 0.050 \quad 式（7.6）$$

$$CS = 41.17916 - 2.19744t - 0.02759p，R = 0.357074；p < 0.01 \quad 式（7.7）$$

根据方差分析结果表明，针茅、糙隐子草 C/N 与年降水量和年均温度之间的回归效果显著。羊草 C/N 与年降水量和年均温度之间的回归效果不显著。在回归方程式（7.7）中，年均温度的 t 统计量的 P 值为 0.031 483，小于显著性水平 0.05，因此，该项的自变量年均温度与糙隐子草 C/N 具有显著相关性。这说明年均温度是影响中蒙草原带糙隐子草 C/N 的主要环境因子。

（3）植物 C/P 和年均温度及年降水量的回归分析。中蒙典型草原区针茅（*SK*）、羊草（*LC*）、糙隐子草（*CS*）C/P 和年平均温度（*t*）、年降水量（*p*）之间回归方程如下：

$$SK = 516.819 - 51.8981t + 0.655263p，R = 0.08766；p > 0.05 \quad 式（7.8）$$

$$LC = 279.766 - 25.0639t + 0.440095p，R = 0.09517；p > 0.05 \quad 式（7.9）$$

$$CS = 303.2422 - 23.5568t + 0.173645p，R = 0.107094；p > 0.05 \quad 式（7.10）$$

根据方差分析结果表明，针茅、羊草、糙隐子草 C/P 与年降水量和年均温度之间回归效果不显著。

7.6 讨论

全球性气候变暖的事实在最近10多年中得到了广泛的认同，全球地表气温的最新分析表明，在过去100年中平均上升0.6℃，一般而言，北半球中、高纬度地区比低纬度地区增温快。我们对中蒙典型草原区近20年的气象监测数据分析，也表明有类似的结果。这种气候的变化必将对该地区的植被产生广泛而深远的影响。一般认为，位于中高纬度的干旱半干旱地区，增温与降水的波动将成为威胁生物多样性、初级生产力及氮磷循环的一个主要因素。而众多的中高纬度的干旱半干旱地区植物种类经过长期的进化，形成了独特的适应方式，形成的植物多样性对维系草原生态系统的稳定性起到了重要作用。而作为生物体的结构组成和能量传递的介质，C、N、P元素的生物地球化学循环是维持生态系统结构和功能的基础。Reich和Oleksyn发现，在大区域尺度南纬43°~北纬70°和-12.8~28℃范围内，全球植被叶片N/P随纬度减小和年均温度升高而增加。该结果验证了Reich Oleksyn的土壤底物年龄N/P假说：随温度升高植物N/P增加。但在中蒙典型草原区内，植物群落，优势植物针茅、羊草、糙隐子草的N/P与年均温度无显著相关性，植物群落，优势植物针茅、糙隐子草的N/P与而与年降水量之间具有显著的相关性。本研究表明，在中蒙草原带群落及主要优势植物N/P，随年降水量增加植物N/P升高，其中由于羊草在中蒙草原带呈零星分布，不具有地带性分布特点，因此，推测在大空间尺度上与环境因子相关性不显著。

另外，Aerts等提出N/P<10意味着N限制，而N/P>14则表示P限制，10<N/P<14则受二者限制。Koerselman和Meuleman认为，N/P<14意味着N限制，N/P>16则表示P限制。Zhang 等提出中国内蒙古草原 N/P < 21 意味着 N 限制，N/P>23 则表示 P 限制；G. sewell 认为，N/P<10 为 N 限制而 N/P>20 为 P 限制。在本研究中中蒙典型草原带群落及优势植物的 5<N/P<20，其中针茅 N/P 随纬度的升高显著降低，蒙古国境内植物群落及优势植物 N/P<中国内蒙古境内植物群落及优势植物 N/P，但是大部分样地的植物 N/P 在 15 左右，根据国外学者研究结论推测，目前中蒙典型草原带植物生长基本不受 N、P 影响。如果依据中国学者研究结论，目前中蒙典型草原带植物生长基本受 N 影响和限制。结合本研究中的第 4 章生物量数据和第 5 章土壤氮数据，我们认为本次中蒙典型草原带野外调查，以干扰程度最低，保护最好的草地为采样样地，所以，本研究认为在这样的以气候为背景研究中，中蒙典型草原带植物生长基本不受 N、P 影响和限制。

但是优势植物针茅与纬度之间具有显著相关性，在未来气候变暖背景下优势植物针茅 N 含量趋于升高，P 含量基本不变，因此相对而言 P 有可能成为中蒙典型草原带的主要限制元素。而中下层羊草 N/P 随纬度的升高无明显变化趋势，糙隐子草 N/P 随纬度的升高呈降低趋势，但均与纬度之间无显著相关，各样点上羊草 N/P 大部分小于 21，糙隐子草 N/P 小于 14，因此，位于中下层建群种羊草和糙隐子草的生长受 N 限制可能性更高。

根据植物 N/P、C/N 和 C/P 与年均温度及年降水量的回归分析，年降水量是影响中蒙草原带植物群落、针茅、糙隐子草 N/P、C/N 的主要环境因子。当然，影响植物 N/P 化学计量比的因素是复杂的，在不同研究尺度上不同植物群落、不同物种、的养分限制大小受众多因素控制。在自然界中，氮磷元素限制作用转化的临界值通常难以界定，植物 N/P 化学计量特征虽能较好地反映 N、P 养分的限制作用，但只是反应 N、P 元素限制作用的相对大小及相互转化趋势。

另外，关于养分利用效率已被广泛用于评价植物对养分需要和利用能力上，植物叶片 C/N、C/P 可表示植物吸收营养所能同化 C 的能力，在一定程度上反映了植物的营养利用效率。本研究中针茅 C/N、C/P>羊草和糙隐子草，针茅的养分利用效率高于羊草和糙隐子草。因此，在典型草原区，如果上层的植物在竞争中失去优势，由于下层建群种低养分利用效率，有可能加快土壤贫瘠化的速率。在群落内部也潜在地包含着与优势种具有不同养分利用和消费策略的物种，填补优势种无法占据的生态位。

7.7 结论

（1）在无放牧干扰背景下，中蒙典型草原带植物生长基本不受 N、P 影响和限制。在未来气候变暖背景下 P 元素有可能成为影响中蒙典型草原带优势植物针茅的主要限制元素。

（2）根据植物 N/P、C/N 和 C/P 与年均温度及年降水量的回归分析，年降水量是影响中蒙草原带植物群落、针茅、糙隐子草 N/P、C/N 的主要环境因子。

（3）中蒙典型草原带主要优势植物同化 C 的能力存在差异，上层优势针茅的养分利用效率高于中下层羊草和糙隐子草，因此，在未来气候变暖背景下典型草原区，如果上层的植物在竞争中失去优势，由于下层建群种低养分利用效率，有可能加快土壤贫瘠化的速率。

参考文献

阿如旱，杨持．2007．近50年内蒙古多伦县气候变化特征分析［J］．内蒙古大学学报（自然科学版），38（4）：434-438．

阿依敏，波拉提，安沙舟，等．2017．巴音布鲁克高寒草原不同退化阶段土壤养分的变化［J］．新疆农业科学，54（5）：953-960．

安卓，牛得草，文海燕，等．2011．氮磷添加对黄土高原典型草原长芒草氮磷重吸收率及C：N：P化学计量特征的影响［J］．植物生态学报，35（8）：801-807．

比买热木·阿不都艾海提，艾克拜尔·伊拉洪，热依汗古丽·阿布里孜，等．新疆典型草原土壤腐殖酸组分的变化规律［J］．核农学报，26（1）：123-128．

包光，刘禹，刘娜，等．2013．蒙古高原东部和南部气候要素变化特征及其生态环境影响分析［J］．地球环境学报，4（5）：1 444-1 460．

包云，李晓兵，黄玲梅，等．2011．1961—2007年内蒙古降水时空分布［J］．干旱区地理，34（1）：52-61．

包姝芬，马志宪，崔学明．2011．近50年锡林郭勒盟的气候变化特征分析［J］．内蒙古农业大学学报（自然科学版），32（3）：157-160．

包刚，包玉海，覃志豪，等．2013．近10年蒙古高原植被覆盖变化及其对气候的季节响应［J］. 地理科学，33（5）：613-621.
包刚，吴琼，阿拉腾图雅，等 . 2012. 近 30 年内蒙古气温和降水量变化分析［J］. 内蒙古师范大学学报（自然科学汉文版），41（6）：668-674.
白美兰，郝润全，李喜仓，等 . 2014. 1961—2010 年内蒙古地区极端气候事件变化特征［J］. 干旱气象，32（2）：189-193.
白美兰，郝润全，邸瑞琦，等 . 2006. 内蒙古东部近 54 年气候变化对生态环境演变的影响［J］. 气象，32（6）：31-36.
白永飞，李德新，许志信 . 1999. 牧压梯度对克氏针茅生长和繁殖的影响［J］. 生态学报，19（4）：479-484.
春亮，那日苏，王海，等 . 2013. 锡林郭勒盟赛罕塔拉 1960—2012 年气温和降水变化分析［J］. 中国草地学报，35（5）：136-168.
陈少勇，王劲松，石圆圆，等 . 2009. 中国东部季风区 1961—2006 年年平均气温变化特征［J］. 资源科学，31（3）：462-471.
陈隆勋，朱文琴，王文，等 . 1998. 中国近 45 年来气候变化的研究［J］. 气象学报，56（3）：257-271.
陈少勇，郭俊瑞，吴超 . 2015. 基于降水量距平百分率的中国西南和华南地区的冬旱特征［J］. 自然灾害学报（1）：23-31.
陈效逑，李倞 . 2009. 内蒙古草原羊草物候与气象因子的关系［J］. 生态学报，29（10）：5 280-5 290.
陈效逑，郑婷 . 2008. 内蒙古典型草原地上生物量的空间格局及其气候成因分析［J］. 地理科学，28（3）：369-

374.
陈建国，杨扬，孙航 . 2011. 高山植物对全球气候变暖的响应研究进展 [J]. 应用与环境生物学报，17 (3)：435-446.
陈佐忠，汪诗平，等 . 2000. 中国典型草原生态系统 [M]. 北京：科学出版社 .
程建中，李心清，刘钟龄，等 . 2008. 中国北方草地植物群落碳、氮元素组成空间变化及其与土壤地球化学变化的关系 [J]. 地球化学，37 (3)：265-274.
蔡学彩，李镇清，陈佐忠，等 . 2005. 内蒙古草原大针茅群落地上生物量与降水量的关系 [J]. 生态学报，25 (7)：1 657-1 662.
第二次气候变化国家评估报告编写委员会 . 2011. 第二次气候变化国家评估报告 [M]. 北京：科学出版社 .
戴万宏，黄耀，武丽，等 . 2009. 中国地带性土壤有机质含量与酸碱度的关系 [J]. 土壤学报，46 (5)：851-859.
丁晓华，陈廷芝 . 2008. 内蒙古地区近 50 年气温降水变化特征 [J]. 内蒙古气象 (2)：17-19.
丹丹 . 2014. 蒙古高原近 35 年气候变化 [D]. 内蒙古师范大学：1-42.
丁献华，毕润成，张慧芳，等 . 2010. 霍山七里峪植物群落的种类组成和生活型谱分析 [J]. 安徽农业科学，38 (22)：12 032-12 033.
丁小惠，罗淑政，刘金巍，等 . 呼伦贝尔草地植物群落与土壤化学计量学特征沿经度梯度变化 [J]. 生态学报，32 (11)：3 467-3 476.
段敏杰，高清竹，郭亚奇，等 . 2011. 藏北高寒草地植物群落物种多样性沿海拔梯度的分布格局 [J]. 草业科学，28

(10): 1 845-1 850.
段敏杰，高清竹，万运帆，等 . 2010. 放牧对藏北紫花针茅高寒草原植物群落特征的影响 [J]. 生态学报，30(14): 3 892-3 900.
段敏杰，干珠扎布，郭佳 . 等 . 2016. 施肥对藏北高寒草地植物多样性及生产力的影响 [J]. 西北农业学报，25(11): 1 696-1 703.
大久保忠旦 . 1990. 草地学 [M]. 东京：文英堂出版社 .
方精云，王襄平，沈泽昊，等 . 2009. 植物群落清查的主要内容、方法和技术规范 [J]. 生物多样性，17 (6): 533-548.
方精云，沈泽昊，唐志尧，等 . 2004. 中国山地植物物种多样性调查计划及若干技术规范 [J]. 生物多样性，12 (1): 5-9.
方精云，唐艳鸿，林俊达，等 . 2000. 全球生态学-气候变化与生态响应 [M]. 北京：中国高等教育出版社 .
方精云 . 1992. 地理要素对我国温度分布影响的数量评价 [J]. 生态学报，12 (2): 97-104.
范德芹，赵学胜，郑周涛 . 2016. 内蒙古羊草草原物候及其对气候变化的响应 [J]. 地理与地理信息科学，32 (6): 81-86.
顾润源，周伟灿，白美兰，等 . 2012. 气候变化对内蒙古草原典型植物物候的影响 [J]. 生态学报，32 (3): 767-776.
高涛，肖苏君，乌兰 . 2009 近 47 年（1961—2007 年）内蒙古地区降水和气温的时空变化特征 [J]. 内蒙古气象 (1): 3-7.
郭志梅，缪启龙，李雄 . 2005. 中国北方地区近 50 年来气温变化特征的研究［J］. 地理科学，25（4）：448-454.
郭志华，臧润国，将有绪 . 2002. 生物多样性的形成、维持机制及其宏观研究方法［J］. 林业科学，38（6）：116-124.
郭子武，虞敏之，郑连喜，等 . 2011. 长期施用不同肥料对红哺鸡竹林叶片碳、氮、磷化学计量特征的影响［J］. 生态学杂志，30（12）：2 667-2 671.
郭平，张卓，周婵，等 . 2011. 呼伦贝尔草原大针茅和贝加尔针茅的生殖生长规律［J］. 草地学报，19（3）：381-387.
龚子同，张之一，张甘霖 . 2009. 草原土壤：分布、分类与演化［J］. 土壤，41（4）：505-511.
高中超，迟凤琴，赵秋，等 . 2007. 施肥对退化草原植物群落产量及土壤理化性质的影响［J］. 草原与草坪，121（2）：60-62.
高贤明，陈灵芝 . 1998. 植物生活型分类系统的修订及中国暖温带森林植物生活型谱分析［J］. 植物学报，40（6）：553-559.
郭柯，郑度，李渤生 . 1998. 喀喇昆仑山-昆仑山地区植物的生活型组成［J］. 植物生态学报，22（1）：51-59.
巩祥夫，刘寿东，钱拴 . 2010. 基于 Holdridge 分类系统的内蒙古草原类型气候区划指标［J］. 中国农业气象，31（3）：384-387.
胡玉昆，李凯辉，阿德力· 麦地，等 . 2007. 天山南坡高寒草地海拔梯度上的植物多样性变化格局［J］. 生态杂志，26（2）：182-186.
黄建辉，韩兴国，马克平 . 物种在生态系统功能过程中的作用［C］. 第二届现代生态学讲座：1-14.

韩文军，等译 . 2016. 草原科学概论［M］. 呼和浩特：内蒙古大学出版社 .

韩芳，刘朋涛，牛建明，等 . 2013. 50 年来内蒙古荒漠草原气候干燥度的空间分布及其演变特征［J］. 干旱区研究，30（3）：449-459.

韩翠华，郝志新，郑景云 . 2013. 1951—2010 年中国气温变化分区及其区域特征［J］. 地理科学进展，32（6）：887-896.

韩彬，樊江文，钟华平 . 2006. 内蒙古草地样带植物群落生物量的梯度研究［J］. 植物生态学报，30（4）：553-562.

韩冰，赵萌莉，杨劼，等 . 2010. 内蒙古高原克氏针茅种群的生态分化［J］. 中国草地学报，32（4）：17-23.

侯琼，乌兰巴特尔 . 2006. 内蒙古典型草原区近 40 年气候变化及其对土壤水分的影响［J］. 气象科技，34（1）：102-106.

胡云锋，巴图娜存，毕力格吉夫，等 . 2015. 乌兰巴托—锡林浩特样带草地植被特征与水热因子的关系［J］. 生态学报，35（10）：3 258-3 266.

胡云锋，艳燕，阿拉腾图雅 . 等 . 2012. 内蒙古东北-西南草地样带植物多样性变化［J］. 资源科学，34（6）：1 024-1 031.

胡中民，樊江文，钟华平 . 2006. 中国温带草地地上生产力沿降水梯度的时空变异性［J］. 中国科学 D 辑地球科学，36（12）：1 154-1 162.

何京丽，珊丹，梁占岐，等 . 2009. 气候变化对内蒙古草甸草原植物群落特征的影响［J］. 水土保持研究，16（5）：131-134.

胡启鹏，郭志华，李春燕，等 . 2008. 植物表型可塑性对非生物环境因子的响应研究进展［J］. 林业科学，44（5）：135-142.

贺金生，韩兴国 . 2010. 生态化学计量学：探索从个体到生态系统的统一化理论［J］. 植物生态学报，34（1）：2-6.

贺俊杰 . 2013. 锡林郭勒草原土壤主要营养成分的空间分布［J］. 草业科学，30（1）：1 710-1 717.

靳虎甲，马全林，张德魁，等 . 2012. 乌兰布和沙漠典型灌木群落结构及数量特征［J］. 西北植物学报，32（3）：579-588.

江洪 . 1994. 东灵山植物群落生活型谱的比较研究［J］. 植物学报，36（11）：884-894.

贾文雄，刘亚荣，张禹舜，等 . 2015. 祁连山草甸草原物种多样性和生物量与气候要素的关系［J］. 干旱区研究，32（6）：1 167-1 172.

将小雪，金飚 . 2012. 气候变化对植物有性生殖影响的研究进展［J］. 西北植物学报，32（10）：2 139-2 150.

李镇清，刘振国，陈佐忠，等 . 2003. 中国典型草原区气候变化及其对生产力的影响［J］. 12（1）：4-10.

李家湘，熊高明，徐文婷，等 . 2017. 中国亚热带灌丛植物生活型组成及其与水热因子的相关性［J］. 植物生态学报，41（1）：147-156.

李凯辉，胡玉昆，王鑫，等 . 2007. 不同海拔梯度高寒草地地上生物量与环境因子关系［J］. 应用生态学报，18（9）：2 019-2 024.

李耀，卫智军，刘红梅，等 . 2010. 不同放牧制度对典型草原土壤中全磷和速效磷的影响［J］. 内蒙古草业，22

(1): 4-6.

李绍良. 2000. 草原土壤研究展望［A］. 2000年的中国研究资料，第四十八集我国土壤科学发展的现状对策和展望［C］. 中国科协2000年的中国研究办公室：20-23.

林金成，强胜. 2006. 空心莲子草对南京春季杂草群落组成和物种多样性的影响［J］. 植物生态学报，30（4）：585-592.

李绍良，陈有君. 1993. 锡林河流域栗钙土及其物理性状与水分动态的研究［J］. 中国草地（3）：48-70.

李本银，汪金舫，赵世杰，等. 2004. 施肥对退化草地土壤肥力、牧草群落结构及生物量的影响［J］. 中国草地，26（1）：14-17.

李海波，韩晓增，王风. 2007. 长期施肥条件下土壤碳氮循环过程研究进展［J］. 土壤通报，2（38）：384-388.

李永宏. 1994. 内蒙古草原草场放牧退化模式研究及退化监测专家系统诌议［J］. 植物生态学报，18（1）：68-79.

李永宏，汪诗平. 1999. 放牧对草原植物的影响［J］. 中国草地（3）：11-19.

李永宏，汪诗平. 1997. 草原植物对家畜放牧的营养繁殖对策初探［A］. 草原生态系统研究（第5集）［M］. 北京：科学出版社.

李永宏. 1988. 内蒙古锡林河流域羊草草原和大针茅草原在放牧影响下的分异和趋同［J］. 植物生态学与地植物学学报，12（3）：189-196.

李永宏. 1996. 内蒙古草原植物的生态替代及其对全球变化下草原动态的指示［J］. 植物生态学，20（3）：193-206.

李英年，薛晓娟，王建雷，等. 2010. 典型高寒植物生长繁殖特征对模拟气候变化的短期响应［J］. 生态学杂志，29（40）：624-629.
李瑜琴，赵景波 . 2005. 过度放牧对生态环境的影响与控制对策［J］. 中国沙漠，25（3）：404-408.
李夏子，郭春燕，韩国栋 . 2013. 气候变化对内蒙古荒漠化草原优势植物物候的影响［J］. 生态环境学报，22（1）：50-57.
李夏子，韩国栋，郭春燕 . 2013. 气候变化对内蒙古中部草原优势牧草生长季的影响［J］. 生态学报，33（13）：4 146-4 155.
李玉霖，毛伟，赵学勇，等 . 2010. 北方典型荒漠及荒漠化地区植物叶片氮磷化学计量特征研究［J］. 环境科学，31（8）：1 716-1 725.
李林，周小勇，黄忠良，等 . 2006. 鼎湖山植物群落 α 多样性与环境的关系［J］. 生态学报，26（7）：2 301-2 307.
李博 . 1962. 内蒙古地带性植被的基本类型及其生态地理规律［J］. 内蒙古大学学报（2）：41-73.
李博，等 . 1993. 中国北方草地畜牧业动态监测研究（一）［M］. 北京：中国农业科学技术出版社 .
雷泞菲，苏智先，宋会兴，等 . 2002. 缙云山常绿阔叶林不同演替阶段植物生活型谱比较研究［J］. 应用生态学报，13（3）：267-270.
兰玉坤 . 2007. 内蒙古地区近 50 年气候变化特征研究［D］. 中国农业大学：1-36.
黎燕琼，郑绍伟，龚固堂，等 . 2011. 生物多样性研究进展［J］. 四川林业科技，32（4）：12-19.
刘庆生，刘高焕，黄翀，等 . 2016. 蒙古高原乌兰巴托-丰镇草地样带植被与土壤属性的空间分布［J］. 资源科学，38

（5）：982–993.
刘宣飞，朱乾根 . 1998. 中国气温与全球气温变化的关系［J］. 南京气象学院学报，21（3）：390–397.
卢同平，张文翔，牛洁，等 . 2017. 典型自然带土壤氮磷化学计量空间分异特征及其驱动因素研究［J］. 土壤学报 .
卢同平，张文翔，武梦娟，等 . 2017. 干湿度梯度及植物生活型对土壤氮磷空间特征的影响［J］. 土壤，49（2）：364–370.
卢生莲，吴珍兰 . 1996. 中国针茅属植物的地理分布［J］. 植物分类学报，34（3）：242–253.
吕新龙 . 1994. 呼伦贝尔地区草甸草原初级生产力动态研究［J］. 中国草地（4）：9–11.
吕世海，刘及东，郑志荣，等 . 2015. 降水波动对呼伦贝尔草甸草原初级生产力年际动态影响［J］. 环境科学研究，28（4）：550–558.
吕超群，田汉勤，黄耀 . 2007. 陆地生态系统氮沉降增加的生态效应［J］. 植物生态学报，31（2）：205–218.
刘兴诏，周国逸，张德强，等 . 2010. 南亚热带森林不同演替阶段植物与土壤中 N、P 的化学计量特征［J］. 植物生态学报，34（1）：64–71.
刘钟龄 . 1993. 蒙古高原景观生态区域的分析［J］. 干旱区资源与环境（3–4）：256–261.
林一六 . 1997. 群落的分布与环境：干旱区植物群落［M］. 东京：朝仓书店 .
路云阁，李双成，蔡运龙 . 2004. 近 40 年气候变化及其空间分异的多尺度研究［J］. 地理科学，24（4）：432–438.
黎磊，陈家宽 . 2014. 气候变化对野生植物的影响及保护对策［J］. 生物多样性，22（5）：549–563.

梁艳，干珠扎布，张伟娜，等.2014. 气候变化对中国草原生态系统影响研究综述［J］. 中国农业科技导报，16（2）：1-8.

刘志民，蒋德明，高红瑛，等.2003. 植物生活史繁殖对策与干扰关系的研究［J］. 应用生态学报（14）：418-422.

孟君，陈世鐄.1997. 克氏针茅繁殖的生态生物学特性［J］. 内蒙古农牧学院报，18（2）：33-37.

马晓庆，丁志宏，李娜.2013. 近60年来内蒙古高原内陆河东部流域降水量变化特性分析［J］. 海河水利（3）：7-11.

马玉玲，余卫红，方修琦.2004. 呼伦贝尔草原对全球变暖的响应［J］. 干旱区地理，27（1）：29-34.

莫非，赵鸿，王建永，等.2011. 全球变化下植物物候研究的关键问题［J］. 生态学报，31（9）：2 593-2 601.

闵庆文，刘寿东，杨霞.2004. 内蒙古典型草原生态系统服务功能价值评估研究［J］. 草地学报，12（3）：165-169.

牛建明.2001. 气候变化对内蒙古草原分布和生产力影响的预测研究［J］. 草业科学，9（4）：277-281.

牛建明.2001. 气候变化对内蒙古草原分布和生产力影响的预测研究［J］. 草地学报，9（4）：277-279.

牛书丽，万师强，马克平.2009. 陆地生态系统及生物多样性对气候变化的适应与减缓［J］. 科学发展，24（4）：421-427.

敖伊敏.2009. 不同围封年限典型草原土壤生态化学计量特征研究［D］. 内蒙古师范大学：1-54.

裴浩，Alex Cannon，Paul Whit field，等.2009. 近40年内蒙古候平均气温变化趋势［J］. 应用气象学报，20（4）：

443-450.
其力格尔，董振华 . 2014. 近 45 年内蒙古乌拉盖气候变化特征分析 [J]. 内蒙古科技与经济（1）：44-48.
秦大河 . 2009. 气候变化与干旱 [J]. 科技导报，27（11）：3.
任国玉，徐铭志，初子莹，等 . 2005. 近 54 年中国地面气温变化 [J]. 气候与环境研究，10（4）：717-727.
任国玉，初子莹，周雅清，等 . 2005. 中国气温变化研究最新进展 [J]. 气候与环境研究，10（4）：703-716.
宋彦涛，周道玮，李强，等 . 2012. 松嫩草地 80 种草本植物叶片氮磷化学计量特征 [J]. 植物生态学报，36（3）：222-230.
宋永昌 . 2001. 植被生态学 [M]. 上海：华东师范大学出版社.
宋日，刘利，吴春胜，等 . 2009. 东北松嫩草原土壤开垦对有机质含量及土壤结构的影响 [J]. 中国草地学报，31（4）：91-95.
史长义 . 2004. 地球化学数据库及其应用概况 [J]. 物探与化探，28（5）：382-387.
萨仁高娃，曹芙，敖特根，等 . 2014. 短期放牧强度对典型草原土壤有机碳及 pH 值的影响 [J]. 畜牧与饲料科学，35（3）：5-7.
盛文萍，李玉娥，高清竹，等 . 2010. 内蒙古未来气候变化及其对温性草原分布的影响 [J]. 资源科学，32（6）：1 111-1 119.
师桂花，季晓丽，陈素华 . 2017. 气候变化对典型草原糙隐子草物候期和产量的影响 [J]. 中国草地学报，39（1）：42-49.

师桂花 . 2014. 气候变化对锡林郭勒盟典型草原天然牧草物候期的影响［J］. 中国农学通报，30（29）：197-204.

苏立娟，李喜仓，邓晓东 . 2008. 1951—2005 年内蒙古东部气候变化特征分析［J］. 气象与环境学报，24（5）：25-28.

孙晓东，刘桂香，包玉海，等 . 2016. 基于降水距平百分率的苏尼特草原干旱特征分析［J］. 内蒙古农业大学学报（自然科学版），37（2）：46-54.

邵梅香，覃林，谭玲 . 2012. 我国生态化学计量学研究综述［J］. 安徽农业科学，40（11）：6 918-6 920.

佟斯琴，刘桂香，武娜 . 2016. 1961—2010 年锡林郭勒盟气温和降水时空变化特征［J］. 水土保持通报，36（5）：340-351.

佟金鹤 . 2016. 1965—2014 年我国温度和降水变化趋势分析［J］. 安徽农业科学，44（12）：229-259.

王鹏飞，孙文静，宋向阳 . 2013. 1986—2010 年锡林郭勒草原气候变化及其对植被影响的研究［J］. 北方环境，25（10）：98-102.

乌云娜，张凤杰，冉春秋 . 2009. 近 50 年蒙古高原东部克鲁伦河流域气候变化分析［J］. 大连民族学院学报，11（3）：193-195.

王菱，甄霖，刘雪林，等 . 2008. 蒙古高原中部气候变化及影响因素比较研究地［J］. 地理研究，27（1）：171-180.

王永利，云文丽，王炜，等 . 2009. 气候变暖对典型草原区降水时空分布格局的影响［J］. 干旱区资源与环境，23（1）：82-85.

王海梅，李政海，阎军，等 . 2010. 锡林郭勒草原不同生态地理区降水周期变化特征的小波分析［J］. 水土保持通报，30（5）：46-49.
王海军，张勃，赵传燕，等 . 2009. 中国北方近57年气温时空变化特征［J］. 地理科学进展，28（4）：643-650.
王明昌，刘锬，江源，等 . 2015. 中国北方中部地区近50年气温和降水的变化趋势［J］. 北京师范大学学报（自然科学版），51（6）：631-635.
王玮，邬建国，韩兴国 . 2012. 内蒙古典型草原土壤固碳潜力及其不确定性的估算［J］. 应用生态学报，23（1）：29-37.
魏金明，姜勇，符明明 . 2011. 水、肥添加对内蒙古典型草原土壤碳、氮、磷及pH的影响［J］. 生态学杂志，30（8）：1 642-1 646.
王发刚，王启基，王文颖，等 . 2008. 土壤有机碳研究进展［J］. 草业科学，25（2）：48-54.
王淑平，周广胜，吕育财，等 . 中国东北样带（NECT）土壤碳、氮、磷的梯度分布及其与气候因子的关系［J］. 植物生态学报，26（5）：513-517.
王淑平，周广胜，高素华，等 . 2005. 中国东北样带土壤氮的分布特征及其对气候变化的响应［J］. 16（2）：279-283.
王玉辉，周广胜 . 2004. 内蒙古地区羊草草原植被对温度变化的动态响应［J］. 植物生态学报，28（4）：507-514.
王向涛，张世虎，陈懂懂，等 . 2010. 不同放牧强度下高寒草甸植被特征和土壤养分变化研究［J］. 草地学报，18（4）：510-516.
王艳红，徐翔，张东杰，等 . 2016. 气候和生境异质性对华北地区植物生活型分布格局的影响［J］. 安徽农业科学，

44（16）：9-13.
王其兵，李凌浩，白永飞，等.2000. 模拟气候变化对3种草原植物群落混合凋落物分解的影响［J］. 植物生态学报，24（6）：674-679.
王其兵，李凌浩，白永飞，等.2000. 气候变化对草甸草原土壤氮素矿化作用影响的实验研究［J］. 植物生态学报，24（6）：687-692.
王长庭，龙瑞军，王启基，等.2005. 高寒草甸不同草地群落物种多样性与生产力关系研究［J］. 生态学杂志，24（5）：483-487.
王晶苑，王绍强，李纫兰，等.2011. 中国四种森林类型主要优势植物的C：N：P化学计量学特征［J］. 植物生态学报，35（6）：587-595.
王植.2008. 基于物候表征的中国东部南北样带上植被动态变化研究［D］. 北京：中国林业科学研究院.
王绍强，于贵瑞.2008. 生态系统碳氮磷元素的生态化学计量学特征［J］. 生态学报，28（8）：3 937-3 947.
武吉华，张绅，江源，等.2004. 植物地理学［M］. 北京：高等教育出版社.
武高林，杜国祯.2007. 植物形态生长对策研究进展［J］. 世界科技研究与发展，29（4）：47-51.
吴昌华，崔丹丹，编译.2005. 千年生态系统评估［J］. 世界环境，（3）：56-65.
吴春生，刘高焕，刘庆生，等.2016. 蒙古高原中北部土壤有机质空间分布研究［J］. 资源科学，38（5）：994-1 002.
乌力吉，李国海，张娜，等.2013. 气候变化对呼伦贝尔克氏针茅草原植被的影响［J］. 草地学报，21（2）：

230-235.
吴建国 . 2008. 气候变化对陆地生物多样性影响研究的若干进展［J］. 中国工程科学，10（7）：60-68.
吴建国，吕佳佳，艾丽 . 2009. 气候变化对生物多样性的影响：脆弱性和适应［J］. 生态环境学报，18（2）：693-703.
邬畏，何东兴，周启星 . 2010. 生态系统氮磷比化学计量特征研究进展［J］. 中国沙漠，30（2）：296-301.
许志信，白永飞 . 1997. 草原退化与气候变化［J］. 草原与牧草，78（3）：16-20.
徐新良，赵美燕，刘洛，等 . 2015. 近 30 年东北亚南北样带气候变化时空特征分析［J］. 地理科学，35（11）：1 468-1 474.
肖向明，王义凤，陈佐忠 . 等 . 1996. 内蒙古锡林河流域典型草原初级生产力和土壤有机质的动态及其对气候变化的反应［J］. 植物学报，38（1）：45-52.
银晓瑞，梁存柱，王立新，等 . 内蒙古典型草原不同恢复演替阶段植物养分化学计量学［J］. 植物生态学报，34（1）：39-47.
杨阔，黄建辉，董丹，等 . 青藏高原草地植物群落冠层叶片氮磷化学计量学分析［J］. 植物生态学报，34（1）：17-22.
杨持，叶波，邢铁鹏 . 1996. 草原区区域气候变化对物种多样性的影响［J］. 植物生态学报，20（1）：35-40.
杨柏娟，王思远，常清，等 . 2015. 青藏高原植被净初级生产力对物候变化的响应［J］. 地理与地理信息科学，31（5）：115-120.
杨晓华，越晓玲，娜日斯 . 2010. 内蒙古典型草原植物物候变化特征及其对气候变化的响应［J］. 内蒙古草业，22（3）：51-56.

杨智明，王宁，张志强，等 . 2004. 放牧对草原生态系统的影响：放牧对草原土壤的影响［J］. 宁夏农学院学报，25（1）：70-73.

杨惠敏，王冬梅 . 2011. 草-环境系统植物碳氮磷生态化学计量学及其对环境因子的响应研究进展［J］. 草业学报，20（2）：244-252.

杨育武，杨洁，麻素挺 . 2002. 脆弱生态环境指标的建立及其定量评价［J］. 环境科学研究，15（4）：46-48.

焉志远，黄庆阳，王继丰，等 . 2012. 黑龙江兰远草原自然保护区植物的种类组成与生活型谱分析［J］. 国土与自然资源研究（3）：94-97.

尤莉，戴新刚，邱海涛 . 2010. 1961—2006 年内蒙古年平均气温突变分析［J］. 内蒙古气象（2）：3-5.

尤莉，沈建国，裴浩 . 2002. 内蒙古近 50 年气候变化及未来 10~ 20 年趋势展望［J］. 内蒙古气象（4）：14-18.

伊藤操子，敖敏，伊藤幹二 . 2006. 内蒙古草原现状及课题［J］. 杂草研究，51（4）：256-262.

阎恩荣，王希华，周武，等 . 2008. 天童常绿阔叶林演替系列植物群落的 N：P 化学计量特征［J］. 植物生态学报，32（1）：13-22.

张震，2016. 草地植物与土壤磷库对施肥和围封的响应［D］. 西南大学：1-65.

张小川，蔡蔚祺，徐琪，等 . 1990. 草原生态系统土壤-植被组分中氮、磷、钾、钙和镁的循环［J］. 土壤学报，27（2）：140-150.

张黎明，李加加，于东升，等 . 2011. 不同制图比例尺土壤数据库对旱地磷储量估算的影响［J］. 生态环境学报，20（11）：1 626-1 633.

张强，马仁义，姬明飞，等 . 2008. 代谢速率调控物种丰富度格局的研究进展［J］. 生物多样性，16（5）：437-445.

张存厚，王明玖，李兴华，等 . 2011. 近 30 年来内蒙古地区气候干湿状况时空分布特征［J］. 干旱区资源与环境，25（8）：70-75.

张楠楠，张万军，曹建生，等 . 2015. 河北 38°N 生态样带土壤有机碳特征［J］. 中国生态农业学报，23（10）：1 277-1 284.

张存厚，王明玖，张立，等 . 2013. 呼伦贝尔草甸草原地上净初级生产力对气候变化响应的模拟［J］. 草业学报，22（3）：41-50.

张东启，效存德，刘伟刚 . 2012. 喜马拉雅山区 1951—2010 年气候变化事实分析［J］. 气候变化研究进展，8（2）：110-118.

张新时，周广胜，高琼 . 等 . 1997. 全球变化研究中的中国东北森林-草原陆地样带（NECT）［J］. 地学前缘，4（1-2）：145-151.

张新时，杨奠安 . 1995. 中国全球变化样带的设置与研究［J］. 第四纪研究（1）：43-52.

张新时，高琼，杨奠安，等 . 1997. 中国东北样带的梯度分析及其预测［J］. 植物学报，39（9）：785-799.

张乃莉 . 2005. 松嫩草甸主要植物群落土壤磷素研究［D］. 长春：东北师范大学 .

张峰，周广胜，王玉辉 . 等 . 2008. 内蒙古克氏针茅草原植物物候及其与气候因子关系［J］. 植物生态学报，32

（6）：1 312-1 322.

张璐，苏志尧，李镇魁 . 2007. 南岭国家自然保护区森林群落 β 多样性随海拔梯度的变化［J］. 热带亚热带植物学报，15（6）：506-512.

张晓娜，哈达朝鲁，潘庆民 . 2010. 刈割干扰下内蒙古草原两种丛生禾草繁殖策略的适应性调节［J］. 植物生态学报，34（3）：253-262.

张红梅，赵萌莉，李青丰，等 . 2003. 放牧条件下大针茅种群的形态变异［J］. 中国草地，25（2）：13-17.

张宝财，张华，祝业平，等 . 2007. 辽宁老秃顶子南坡植物生活型谱及其海拔变化［J］. 辽宁师范大学学报（自然科学版），30（4）：499-502.

钟永德，李迈和，No rbert Kraeuchi. 2004. 地球暖化促进植物迁移与入侵［J］. 地理研究，23（3）：347-356.

竺可桢，宛敏渭 . 1980. 物候学［M］. 北京：科学出版社 .

周广胜，王玉辉，蒋延玲 . 全球变化与中国东北样带（NECT）［J］. 地学前缘，9（1）：198-216.

周纪东，史荣久，赵峰 . 2016. 施氮频率和强度对内蒙古温带草原土壤 pH 及碳、氮、磷含量的影响［J］. 应用生态学报，27（8）：2 467-2 476.

周莉 . 2004. 中国东北样带土壤有机碳对环境变化响应的研究［D］. 北京：中国农业大学 .

周双喜，吴冬秀，张琳，等 . 2010. 降雨格局变化对内蒙古典型草原优势种大针茅幼苗的影响［J］. 植物生态学报，34（10）：1 155-1 164.

郑海霞，齐莎，赵小蓉，等 . 2008. 连续 5 年施用氮肥和羊粪的内蒙古羊草（*Leymus chinensis*）草原土壤颗粒状有机质特征［J］. 中国农业科学，41（4）：1 083-1 088.

赵怀宝，刘彤，雷加强，等.2010. 古尔班通古特沙漠南部植物群落β多样性及其解释［J］. 草业学报，19（3）：29-37.

赵慧颖.2007. 气候变化对典型草原区牧草气候生产潜力的影响［J］. 中国农业气象，28（3）：281-284.

赵哈林，大黑俊哉，李玉霖，等.2008. 人类放牧活动与气候变化对科尔沁沙质草地植物多样性的影响［J］. 17（5）：1-8.

赵琼，曾德慧.2005. 陆地生态系统氮磷循环及其影响［J］. 植物生态学报，29（1）：153-163.

曾德慧，陈广生.2005. 生态化学计量学：复杂生命系统奥秘的探索［J］. 植物生态学报，29（6）：1007-1019.

赵恒和，郭连云，赵年武.2011. 高寒草地西北针茅生长发育特征及与气象因子的关系［J］. 干旱区资源与环境，25（11）：187-192.

中村徹，等.2007. 草原科学概论［M］. 筑波：筑波大学出版会.

中国科学院内蒙古宁夏综合考察队.1985. 内蒙古植被［M］. 呼和浩特：内蒙古人民出版社.

Asano M.，Tamura K.，Higashi T.*et al*.2007.Morphplogical and physico-chemical characteristics of soils in a steppe region of Kherlen River basin，Mongolia.J.Hydrology，333：100-108.

Austrheim G，Eriksson O. 2003. Recruitment and life-history traits of sparse plant species in subalpine grasslands［J］. *Canadian Journal of Botany*，81：171-182.

Batjargal Z. 2007. Acid rain issues in Mongolia. In *Fragile Environment*，*Vulnerable People and Sensitive Society*. KAIHATU-SHA Co.，Ltd.，Tokyo，Japan：185-195.

Breckle S. W. 2002. Walter's Vegetation of the Earth [M]. Springer.

Dorken M. E. , C. G. Eckert. 2001. Severely reduced sexual reproduction in northern populations of a clonal plant, Decodon-verticillatus (Lythraceae) [J], Journal of Ecology, 89 (3): 339-350.

Delwiche C. C. , Botkin D. B. 1987. The biota and the world carbon budget [J]. Science, 199: 141-146.

Fischer M, Weyand A, Rudmann-Maurer, et al. 2011. Adaptation of poa alpina to altitude and land use in the swiss alps [J]. Alpine Botany (121): 91-105.

Finch C. 1999. *Mongolia's Wild Heritage: Biological Diversity, Protected Areas, and Conservation in the Land of Chings Khaan.* Avery Press, USA.

FAO/ISRIC/ISSS. 1998. World reference base for soil resources [C]. World Soil References Reports, 88.

HAN Wen jun, HOU Xiang yang, OLOKHNUUD Chunliang, *et al*. 2014. The characteristics of plant communities along East Eurasian Steppe Transect [J]. Journal of Integrative Agriculture, 13: 1 157-1 164.

Hideaki S. , Yasunori N. , Megumi O. 2006. Report on symposium of biogeochemistry 2005, "Biogeochemistry from land to ocean" [J]. The Ecological Society of Japan, 56: 78-80.

Hedhly A. , J. I. Hormaza, M. Herrero. 2009. Global warming and sexual plan reproduction [J]. Trends in plant science, 14 (1): 30-36.

Jotaro U. , Tanaka K. 2005. The need for large-scale field manipulation experiments and its implications in ecology-A short overview [J]. The Ecological Society of Japan, 55: 494-496.

IPCC. 2007. Climate change 2007: the physical science basis: contribution ofworking group I to the fourth assessment report of the Intergovernmental Panel on Climate Change [M]. Cambridge, Cambridge University Press, 237.

Kensuke K. T. et al. Conservation sustainable use of grassland ecosystems: Application of satellite monitoring and GPS/GIS [J]. Japanese Journal of Ecology, 55: 327-335.

Kazuaki N., Yoshitaka T. 2002. Conserving biological diversity on semi-natural grassland in Mt. Sanbe [J]. Grassland Science, 48 (3): 277-282.

Kleunen Mv, Fischer M, Schmid B. 2003. Experimental life-history evolution: Selection on the allocation to sexual reproduction and its plasticity in a clonal plant [J]. Evolution, (56): 2 168-2 177.

Motohiro H. 2004. Plant diversity effects on decomposers and their ecosystem function [J]. Japanese Journal of Ecology, 54: 209-216.

Misako I., Ao M, Kanji I. 2006. Inner Mongolian grasslands: Situation and Concem [J]. J. Weed Sci. Tech, 51 (4): 256-262.

Masahiro HIRATA, Saori KISHIKAWA, Akihiko KONDOH. 2009. Effects of some Environmental Factors on the Plant Growth in the Central Mongolian Plateau. Jurnal of Arid Land Studies [J]. 19 (2): 403-411.

MNET. 2009. *Mongolia Assessment Report on Climate Chang* 2009. Ministry of Environment, Nature and Tourism of

Mongolia（MNET）. Ulaanbaatar.

Naoko S. 2003. A 700－year landscape history of dwarf bamboo (*Sasa*) －Nikko fir community in the sub－alpine zone of Mt. Kamegamori, Shikoku lsland, Japan [J]. Japanese Journal of Ecology, 53: 219－232.

Nakamura T., Go T, Li Y. *et al.* 1998. Experimental study on the effects of grazing pressure on the floristic composition of a grassland of Baiyinxile, Xilingole, Inner Mongolia [J]. Vegetation Science, 15: 139－145.

Nakamura T., Go T., Wuyunna. *et al.* 2000. Effects of grazing on the floristic compositioin of grassland in Baiyinxile, Xilingole, Inner Mongolia [M]. Grassland Science, 45: 342－350.

Righelato R., D. V. Spracklen. 2007. Carbon Mitigation by Biofuels or by Saving and Restoring Forests? [J]. Science, 317: 902.

Shigeru M., Hiroshi K. 2005. Methodology for studying carbon fluxes within an ecosystem: the present and future [J]. Japanese Journal of Ecology, 55: 113－116.

Tanaka K., Jotaro U. 2005. Perspectives forward development of large－scale field experiment in Japan [J]. The Ecological Society of Japan, 55: 524－529.

Tilman D. 1997. Community invasibility, recruitment limitation, and grassland biodiversity [J]. Ecology, (78): 81－92.

Toshihide H., Masashi M, Keiichi O. 2005. Review of factors affecting patterns and processes of community assembly [J]. Japanese Journal of Ecology, 55: 29－50.

Toshiyuki N. 2005. Biological interactions and community structure: ecological stoichiometry, indirect effect and evolution [J]. The Ecological Society of Japan, 55: 446-454.

UBUGUNOV Vasili, HOU Xiangyang and VISHNYAKOVA Oxana. *et al*. 2014. Impact of Climate and Grazing on Biomass Components of Eastern Russia Typical Steppe [J]. Journal of Integrative Agriculture, 13, 1 183-1 192.

WMO. 2012. WMO Statement on the Status of the Global Climate in 2009. WMO Information Note, March. Geneva, Switzerland.

后　记

我作为中国农业科学院草原研究所“草原生态系统保护与恢复研究团队”的骨干研究成员，在中国农业科学院科技创新工程首席科学家侯向阳研究员的带领下，依托科技部国际合作项目，联合蒙古国草原管理学会、蒙古国畜牧研究院等单位的研究人员，在欧亚温带草原上开展大量的研究工作，从大空间尺度初步揭示了中蒙典型草原生态系统与气候变化的关系及其驱动因素。该调查研究从 2012 年开始，到目前为止历时 6 年，本书是该研究团队众多研究成果中的重要组成部分之一。从全球气候变化与草原生态研究的重要性、必要性考虑，我们希望使更多的人认识应对气候变化的重要性，并推动气候变化与草原生态领域的研究。如果本书能起到抛砖引玉的作用，我将十分欣慰。

在本书出版之际，非常感谢其他参加草原野外工作的团队成员。他们是运向军、春亮、陈海军等，由于工作安排等方面的原因，他们虽然未参与本书的撰写，但做了大量的前期工作，在此表示由衷的感谢。同时，感谢中国农业科学技术出版社各位编辑所付出的辛勤劳动。

韩文军

2017 年 11 月